U0518256

# 记忆
## *Remember*

[美] 莉萨·吉诺瓦/著
（Lisa Genova）

汤璇/译

中信出版集团｜北京

图书在版编目（CIP）数据

记忆：记忆的科学与遗忘的艺术 /（美）莉萨·吉诺瓦著；汤璇译 . -- 北京：中信出版社，2022.10
书名原文：Remember: The Science of Memory and the Art of Forgetting
ISBN 978-7-5217-4259-6

Ⅰ.①记… Ⅱ.①莉… ②汤… Ⅲ.①记忆术 Ⅳ.
① B842.3

中国版本图书馆 CIP 数据核字（2022）第 062792 号

记忆——记忆的科学与遗忘的艺术
著者：　　［美］莉萨·吉诺瓦
译者：　　汤璇
出版发行：中信出版集团股份有限公司
　　　　　（北京市朝阳区惠新东街甲4号富盛大厦2座　邮编　100029）
承印者：　唐山楠萍印务有限公司

开本：880mm×1230mm　1/32　　印张：7.25　　字数：125千字
版次：2022年10月第1版　　　　印次：2022年10月第1次印刷
京权图字：01-2021-0995　　　　书号：ISBN 978-7-5217-4259-6
定价：59.00元

献给阿莱娜、伊桑、斯特拉和皮纳特

# 目　录

## 第三部分　改善抑或损伤

# 序 言

请在脑海中想象一下 1 美分硬币的样子。这么多年来你可能见过成百上千次，所以记住一枚硬币的外观对你来说应该是轻而易举的事。大脑已经将它的模样存到你的记忆中了。

你对刚刚脑海中浮现的模样是否深信不疑？1 美分硬币正面是哪位总统的形象，他面朝哪个方向？你能确信这些细节吗？日期在硬币的什么位置？"LIBERTY"（自由）这个词在哪儿？"IN GOD WE TRUST"（我们相信上帝）这行字呢？硬币反面的形象是什么？现在，你是否能根据记忆非常准确地画出一枚硬币的正反面？为何你会感觉能够记住 1 美分硬币，回想起来却发现仅有零星的记忆？是你的记性不好吗？

当然不是，人类的记忆本就如此。

每一天，你的大脑都在处理"看、听、尝、闻、触"的工作，创造出无数奇迹，令人叹为观止。它还能感知疼痛、愉悦、温度、压力和各种情绪。大脑提供方案，问题方能得以解决。你走路时不会撞墙，走下马路牙子过马路时不会摔跤，那是因为大脑能够判断你在空间中的相对位置。大脑可以通过"语言"来接收和理解外部信息，并通过"语言"给出反馈。它控制着你对巧克力和性爱的欲望，调节着你与他人甘苦与共的移情能力以及对自我存在的觉察程度。不仅如此，大脑还拥有记忆的能力。在大脑运转创造的所有错综复杂又美妙绝伦的奇迹中，记忆为王。

学习任何东西都需要记忆。没有它，信息和经验就无法保留，新结识的人将永远是陌生人，读到这句话的结尾你可能记不住上一句了。你得依靠记忆才能想起今天晚些时候要给妈妈打电话，或者在晚上睡觉前服用心脏病药物。穿衣服、刷牙、读书、打网球和开车都需要记忆。从醒来直到入睡的那一刻，你都在使用你的记忆，甚至在工作中你的记忆能力也在高速运转。

生活中重要的事实和时刻交织、串联，刻画了个体的生活叙事与自我认知。记忆能够让你认识到"现在的我"和"过往的我"。如果亲眼见到被阿尔茨海默病剥夺了记忆的病人，你就会直观地意识到：作为人类，记忆是多么不可或缺。

尽管记忆如此不可思议，在生活中如此必不可少、无处不在，但是它远非完美。我们的大脑并不是专门用来记住他人的姓名、推进后续事宜或者记录我们遇到的每件事情的，这些只是大脑的"出厂设置"。即使是最聪明的人也会记错事情。一个能记住圆周率 10 万多位数字且因此闻名世界的男人，也会忘记妻子的生日或者他为什么会走进客厅。事实上，大多数人到明天就会忘记今天经历的大部分事情。总的来说，这意味着我们实际上不记得自己大部分的生活。从去年到现在，有多少天是你能完整且具体地记得的？大多数人平均只能记得 8 到 10 天，这个比例是 3%。如果追溯到 5 年前，你能记住的更少。

在你的记忆中，很多细节都并不完整和准确。遗漏和无意识加工特别容易影响我们对已经发生的事情的记忆。你还记得肯尼迪总统遇刺、挑战者号航天飞机爆炸，或者 2001 年 9 月 11 日双子塔倒塌的时候，你在哪儿，和谁一起，在做什么吗？这些触目惊心、令人悲愤的事情即使在多年后，也依然历历在目。然而，如果你曾经试图回忆那一天，或者看过那天的新闻报道，那么我敢用我的全部身家和你打个赌：那些事无巨细又让你深信不疑的记忆，也许有很多是你从未真正经历过的。

撇开准确性不谈，大脑到底记得什么？

你的初吻

$6 \times 6$ 的答案

如何系鞋带

儿子的生日

祖母的忌日

彩虹的颜色

你的地址

如何骑自行车


大脑最容易忘记什么？


你的第十个吻

上星期三晚餐的食物

手机的位置

五年级老师的名字

5 分钟前遇到的女士的名字

代数

倒垃圾

Wi-Fi 密码

　　　　记忆——记忆的科学与遗忘的艺术

为什么我们只记得初吻而不记得第十次的吻？是什么决定了我们会记住什么，忘记什么？记忆十分善于"精打细算"。简言之，我们的大脑已经进化到可以甄别并记住有意义的事，遗忘无关紧要的东西。事实上，我们的生活中都是不重要的例行活动：洗澡、刷牙、喝咖啡、上班、工作、吃午餐、回家、吃晚餐、看电视、在社交媒体上消磨大把时光，然后上床睡觉，日复一日。我们不会记得上周洗了多少件衣服。大多数时候，遗忘实际上并不是一个需要解决的问题。

不管是第十个吻、上周洗过的衣服、周二的午餐还是任何细枝末节的小事，我们可能都会认同，遗忘没什么大不了的。这些日常琐事并不是特别有意义，也完全不重要。然而，大脑也会忘记许多我们本该关心的事。我非常想记住去图书馆归还女儿过期的图书，走进厨房的理由，或者眼镜放在了何处。这些事情对我来说很重要。这种情境下的遗忘并不是由大脑的效率原则决定的，而是因为我们没有向大脑这个记忆内存提供能够进行内容创建和 / 或记忆检索的输入指令。对智能设计来说，普通内存故障是正常结果。但是我们通常并没有这种体验，因为大多数人都不熟悉记忆内存的用户手册。一旦掌握了记忆内存的运转流程，我们就能记住更多事情。

同时，我们也必须了解，这种遗忘不是性格上的失败，也不是某种疾病的症状，甚至不是导致恐惧的合理原因。遗憾的是，大多数人往往会将记忆力不佳归咎于上述这些情况。每当发现自己忘记了本该牢记之事，或者遗忘了年少记忆时，我们就会感到担心、尴尬，或者极度恐惧。很多人因此认为，记忆会随着年龄的增长而衰退，背叛我们，并最终离我们而去。作为神经学家和《我想念我自己》的作者，十多年来，我一直在与世界各地的观众讨论阿尔茨海默病和记忆。每次演讲结束后，观众们都无一例外地在报告大厅或卫生间的角落里等着我，向我倾诉他们对记忆和遗忘的担忧。很多观众的父母、祖父母或配偶曾经或者目前患有阿尔茨海默病。他们亲眼看见严重失忆带来的破坏和心痛。当记不起网飞密码或蒂娜·菲主演的电影名字时，他们就会担心这些记忆障碍可能是一些不可避免的疾病的早期迹象。

我们对遗忘的畏惧，不仅来自对衰老或阿尔茨海默病的恐惧，也包含了对大脑丧失记忆容量和记忆能力的担忧。记忆对人类的机体功能和身份至关重要，一旦开始变得健忘，比如忘记某个单词，开始弄丢钥匙、眼镜和手机，你就会担心有一天要失去自己。这实在让人怅然失色。

虽然大多数人会把遗忘描绘成不共戴天的死敌，但它并不是我们一直都需要去克服的障碍。有效的记忆往往需要遗忘，记忆内存有时候可能会发生"故障"，但并不意味着整个记忆系统都"损坏"了。诚然，令人沮丧的是，遗忘是人类正常的一部分，但通过了解记忆的功能，我们可以从容应对这些令人不快的失态，还可以通过消除或巧妙地规避常见错误和不良假设防止遗忘的发生。

我会向人们解释为什么他们会忘记名字、停车位，抑或当天是否服用了维生素。当我向他们阐释记忆的形成和提取过程，解释遗忘并不是疾病病理的结果，而是我们大脑进化的方式时，我听到他们如梦初醒般的惊叹。这一认知改变让他们如释重负。这些反馈也让我无所畏惧，因为我与他们的记忆建立了一种新的关系。它们获得了授权。

一旦理解了记忆，熟悉了它的功能，掌握了它所具有的那些不可思议的优点和令人抓狂的弱点，并充分领会了记忆本身的不足和潜在的超能力，我们就能极大地提高记忆能力。当遗忘不可避免地发生时，我们也不会感到手足无措。我们可以为记忆设定一个"教育"预期，并与它建立更好的关系。我们再也不用害怕遗忘了。这一点可能会改变我们的一生。

尽管记忆为王，但有时候它也有点儿笨。你能记住一些事情是有原因的：你记得披头士每首歌的歌词，却忘记了自己大部分的生活；你记得十年级学过的哈姆雷特的独白，却忘记了你的丈夫 5 分钟前告诉你他想从商店里购买的东西。我们既记得 1 美分硬币的样子，又好像记得并不是很清楚。我们所做的每件事，记忆都渗透其中，并且促其发展。遗忘也是如此。

在这本书中，你会学习记忆的形成和提取原理。大脑对所有的记忆并非一视同仁，而是将它们各自分类，以截然不同的方式来处理和组织这些不同类别的记忆：眼前的新鲜事、做某事的方法、已知晓的事项、已发生之事、以后的计划等。有些类别只存在几秒钟（临时密码），而另一些有可能持续一生（你的婚礼）。有些更容易被创建（你的待办事项清单），有些更容易被提取（你女儿的长相），而有些更容易被遗忘（上周四的通勤）。你可以依靠某些类型的记忆实现高度的准确性与可靠性（如何开车）。其他类型的记忆却并非如此（已发生的一切）。

你会发现，注意力对所有记忆的形成都至关重要。如果在商场车库停车的时候没有注意具体地点，那么之后你会很难找到它。但这并不是因为你忘记了停车地点，你什么都没忘。如果不增加你的注意力，你永远不会对最初停车的地方形成记忆。

你将了解到被遗忘的记忆是暂时无法获取，还是被永久抹去了。前者也许有了正确的提示就能被解锁，比如，你很难记住《波希米亚狂想曲》中的一句歌词，直到别人唱出第一句，你才能唱出整首歌。而后者无论有多少细节被分享，你都不记得，如伯罗奔尼撒战争。你会逐渐意识到，正常的遗忘（你不记得吉普车停在何处）和阿尔茨海默病导致的遗忘（不记得你有一辆吉普车）之间的明显区别。你会看到，记忆是如何受到意义、情绪、睡眠、压力和情境的深刻影响的。正因如此，你可以做很多事情来影响大脑能记住什么、遗忘什么。

记忆是我们记住和遗忘的总和，两者都是一门艺术和科学。你会在明天之前忘记今天所经历和学到的东西，还是会在几十年后记住今天的细节和教训？无论如何，你的记忆都惊人地强大，极易出错但也在尽职尽责地发挥着它的作用。

第一部分

## 记忆从何而来

# 01

## 创造记忆

　　大多数人都会将"69岁"和"老年人专属优惠折扣"或记忆力不太理想联系在一起，而日本退休工程师原口证在这个年纪还可以把圆周率记到小数点之后的 111 700 位。也就是说，在 3.141 59 之后，仅凭记忆他还能背出 111 695 个数字！我和你一样都觉得这简直不可思议。你可能觉得，他要么是个神童，要么是个数学天才，或者在记忆数字方面天赋异禀。然而事实并非如此，他和普通人一样，拥有正常的健康大脑，并且正在经历着自然衰老。如此一来，也许你会更惊讶——你的大脑也有能力牢牢记住 π 的小数点之后的 111 700 位。

　　我们可以学习并记住几乎一切：孩子独特的声音、新朋友的长相、停车的位置、4 岁时独自去超市买做饭用的酸奶油，还有泰勒·斯威夫特新歌的歌词。普通成年人可以记住 2 万到

10 万个单词的发音、拼写和释义。国际象棋大师能记住 10 万种棋法。能演奏拉赫玛尼诺夫第三钢琴协奏曲的钢琴家也早已把近 3 万个音符刻入记忆，他们不需要乐谱便可弹奏巴赫、肖邦或舒曼的作品。

记忆所保存的信息十分多样，不管是有深刻意义的，还是荒诞愚蠢的，是简单的还是复杂的，记忆的容量似乎都没有止境，而我们也的确能在适当的条件下记住一切。

记忆是怎么做到的？从神经学上讲，什么才叫记忆？记忆是如何形成的？它们又被储存在哪儿？我们如何提取记忆？

创造一段新记忆需要改变你的大脑。你拥有的每一段记忆都是大脑对你所经历的事做出持续性生理改变的结果。从不知道某件事到知道某件事，从"没有经历过今天"到"又活了一天"，要想在明天记住今天所发生的事，这意味着你的大脑得有些变化才行。

那么，这些变化是如何发生的？感觉、情绪和事实先是通过感官入口被感知。这些入口就是你的视觉、听觉、嗅觉、味觉和触觉。

假设今天是夏天的第一个夜晚，你和最好的朋友还有他们的家人在你最爱的海滩上。在天边壮丽的落日余晖中，你看着孩子们在沙滩上踢足球。你听着便携音箱里播放的《天生完美》，这是你最喜欢的 Lady Gaga 的歌之一。你的女儿跑到你跟前，指着淡粉色的脚踝号啕大哭，说有只水母刚蜇了她。幸好你朋友随身带了一小包嫩肉剂，你把它揉成糊状抹在蜇伤处，这即刻缓解了你女儿的疼痛（这个办法真的有效）。你轻嗅着带着咸味的海边空气和弥漫在篝火旁的烟味，酌饮着清醇的白葡萄酒，品尝着新鲜而又带着海水咸味的牡蛎以及绵软的烤棉花糖的滋味。你感受到了快乐。

孩子们踢足球的情景与 Lady Gaga、蜇人的水母或牡蛎的滋味无关，除非这些短暂的、不同的经历联系在了一起。在夏天的第一个夜晚，吃着牡蛎和烤棉花糖，听着 Lady Gaga 的歌，孩子们在沙滩上踢着足球，小苏茜被水母蜇了，等等，这些本不相关的神经活动要转化为一段日后能被回想起来的记忆，需要形成一种神经活动的连接模式。这种活动的连接模式因这些神经元之间产生的结构变化而持续存在。这种神经结构和连接模式的持续变化，能在日后通过激活连接在一起的神经回路而被重新体验或者被想起。这就是记忆。

创造一段记忆有 4 个基本步骤：编码（encoding），大脑捕捉你所感知和关注到的景象、声音、信息、情感以及意义，并将其转变为神经语言；巩固（consolidation），大脑将以前不相关的神经活动集合连接在一起，形成一个单一的相关连接模式；储存（storage），这种活动模式是通过这些神经元内可持续的结构和化学变化来维持的；提取（retrieval），通过激活这些相关的连接，你能够重温、回忆、了解并认识到学过和经历过的东西。

这4个步骤都正常运作，你才能拥有一段可以有意识去提取的长期记忆。你把信息输入大脑，再把信息组织到一起，进而通过大脑里的稳定变化储存这些信息。当想再次获得这些信息时，你必须有提取信息的能力。

一群本不相关的神经活动是如何结合成一个相互连接的神经网络，成为我们经历的一段记忆的？我们并不完全确定这一过程是如何发生的，但我们很清楚它发生在何处。大脑收集的经验所包含的信息——感官知觉、语言、人物、事件、地点、时间和原因——都由大脑中被称为海马体的部分连接在一起。

海马体是大脑中部深处的一种海马状结构，对巩固记忆至关重要。这句话如何理解？海马体束缚着你的记忆，它是你记忆的编织者。"发生了何事？何时何地发生的？有何深意？我对此有何感觉？"海马体将所有这些来自大脑不同部分的独立信息片段连接在一起，将它们编织成一个可供检索提取的相关数据单元。这种数据单元的神经网络一旦受到刺激，就会被体验为一段记忆。

因此，海马体对任何新记忆的形成都十分必要，它可以让你以后有意识地提取这些记忆。如果海马体受损，新记忆的形成就会出现障碍。阿尔茨海默病最先在海马体部位病变肆虐，这就是为什么这种疾病的最初症状通常是不记得今天早些时候发生了什么、不记得某人几分钟前说了什么，或者一遍又一遍地讲同样的故事或问题。由于海马体受损，阿尔茨海默病患者很难形成新的记忆。

此外，由海马体介导的巩固过程是一个可以被中断的时间依赖性过程。要想形成明天、下周或20年后可以恢复的记忆，需要一系列耗时的分子事件。在这段时间里，如果海马体中新生记忆的处理受到干扰，这段记忆就会退化甚至可能丢失。

假设你是一名拳击手、橄榄球运动员或足球运动员，你的脑袋在比赛中曾挨了一击。如果我在你被打后立即采访你，你就能告诉我那一拳、那场比赛，以及当时发生的细节。但如果第二天我才问你，你很可能不记得发生了什么。在海马体连接形成新的、持久记忆的过程中，信息被破坏了，而且从未被完整地巩固过。你头上的那一击导致了你的失忆，你相关的记忆消失了。

这可能就是戴安娜王妃的保镖特雷弗·里斯－琼斯不记得事故发生的任何细节的原因，他是多年前戴安娜王妃和多迪·法耶德车祸事件的唯一幸存者。他的头部在车祸中遭受了严重的创伤，他需要多次手术和大约150块钛片来重建整个面部。他在车祸前感知到的各种元素一直被海马体连接在一起，但新生记忆的处理过程一直未能完成，因此，它们从未被储存起来。那些有关已发生之事的记忆从未形成。

如果没有海马体，又会发生什么？亨利·莫莱森或H.M.是神经科学历史上最著名的研究案例，半个多世纪以来，成千上万的论文都在引用他的名字。当亨利7岁时，他从自行车上摔了下来，导致头骨骨折。10岁时，亨利表现出轻度癫痫的症状，没人能确定这究竟是由于事故中的头部损伤还是癫痫家族史。17年后，他的癫痫发作仍然在持续，对药物治疗也没有反应。绝望的亨利愿意尝试任何方法来缓解症状。因此，1953年9月1日，27岁的亨利同意接受实验性脑外科手术。

1953年仍处于前脑叶白质切除术和精神外科手术的时代，这些手术会切除或切断大脑区域，用以治疗抑郁狂躁忧郁症、精神分裂症等精神疾病以及癫痫等大脑疾病。如今，这种手术干预已经被认定是一种怪异、野蛮且无效的医疗手段，但在当时，这种手术通常由受人尊敬的神经外科医生来做。为了消除亨利的癫痫发作，一位名叫威廉·斯科维尔的神经外科医生从亨利的大脑两侧切除了海马体和周围的脑组织。

好消息是，亨利的癫痫发作几乎完全消退了。他的个性、智力、语言、运动功能和感知能力都没有受到手术的影响。从这个意义上说，手术是成功的。但不幸的是，手术也让亨利"才出虎口，又入狼窝"。坏消息是灾难性的：在接下来的55年里，直到82岁去世，亨利再也不能有意识地记住任何新的信息或经历。也就是说，他再也不会有意识地建立长期记忆了。

他一遍又一遍地阅读同样的杂志、欣赏同样的电影，仿佛从未看过。他像每天初见一般，同他的医生和研究他的心理学家打招呼。一位名叫布伦达·米尔纳的加拿大心理学家研究了亨利50多年，然而，这么长时间以来亨利从未认出过她。亨利无法学会任何新单词。1953年后，格兰诺拉麦片（granola）、按摩浴缸（jacuzzi）、笔记本电脑（laptop）和表情符号（emoji）等词语被引入词典，但对亨利来说，这些仍属于完全陌生的单词。如果一遍又一遍地说一个数字，他可以记住几分钟，但练习一旦停止，这个数字就会从他的世界永远消失。更严重的是，他并不记得曾经被要求记住任何数字，也记不起几分钟后发生的事情。

那些你感知和关注到的觉得有趣的、特别的、令人惊讶的、有用的、有意义的，或者令人难忘的新信息都会被海马体处理并巩固到记忆中。海马体会继续反复激活大脑中与记忆有关的部分，直到它们成为一种稳定的、相互连接的活动模式，从根本上连接在一起。

虽然你需要海马体来形成新的记忆，但记忆形成后并不会储存在其中。那么，它们储存在哪里呢？不在任何具体的地方。它们分布在大脑中记录初始体验的那些部分。与存在于大脑特定位置的感知和运动不同，我们没有专门的记忆存储神经元或记忆皮质。视觉、听觉、嗅觉、触觉和运动都可以被映射到大脑的离散区域。大脑后部有一个视皮质，那里的神经元处理我们所看到的东西。听皮质用来接收声音，嗅皮质则用来感知气味。疼痛、温度和触觉都存在于头顶的躯体感觉皮质中。大脚趾的摆动映射到运动皮质中，会激活一组特定的神经元。

记忆则截然不同。当我们记住一些事情时，并不是从"记忆银行"中提款。大脑中没有存储记忆的"内存条"，长期记忆并不存在于大脑的某个特定区域，就好比你不会把记忆储存在文件柜里一样。

记忆被储存在整个大脑的神经活动模式中。当第一次经历某件事或接收某一信息时，大脑就会受到刺激。你对昨天晚餐的记忆需要激活最初体验那顿饭的同一组神经元，这组神经元由感知、关注和处理那顿饭的不同神经元组成。现在，当有人问你是否曾在波士顿北端的 Trattoria Il Panino 餐厅用过餐时，昨天晚餐的片段记忆就被激活了。这个问题会触发连接神经网络的激活，你会因此记得很多甚至是全部当时用餐的事情："天气非常好，所以我和我的朋友蒂芙步行去了那里。在用餐时，我们和约翰一起上了一堂意大利语会话课。我吃了蘑菇烩饭。太美味了！"

记忆通过关联的神经网络存在于大脑中。我的祖母2002年因阿尔茨海默病离世。每当想起她，我的大脑会激活视皮质中她的模样，听皮质中她的笑声，嗅皮质中她几乎每天午餐都会吃的炒青椒和洋葱的味道，她客厅里的红色地毯，阁楼里的鼓声，厨房桌子上的芝麻脆饼，等等。

每当想起某件事时，我们的大脑就会重新激活拥有这些经历信息的各种元素。这些元素交织在一起，形成一个整体。功能性磁共振成像研究已经发现了大脑提取记忆的行为。当要求一个人在磁共振成像扫描仪中回忆某些事情时，我们可以"看到（字面意义）"这个人在"搜索她的大脑"以回忆信息。起初，大脑活动四处飘忽，扫描仪显示各处都在发光。但是，当大脑的活动模式与第一次习得这一信息时的活动模式相匹配时，它就会稳定下来。值得注意的是，就在那一刻，这个人会说："我记得！"

与此类似，当某人在回忆一张照片时，大脑扫描显示的激活模式几乎与这个人实际看着这张照片时产生的激活模式完全一致。请想象一下米老鼠。你看到它没？你"查看"了你的大脑，现在你可以"看到"米老鼠了。你大脑中被激活的那部分包括了视皮质中的相同神经元，如果你真的在看米老鼠的图片，这些神经元也会被激活。当你回忆一幅图像时，大脑的激活状态仿若图像就在你眼前。为了回忆起过往的经历和曾经所学，大脑会重新激活你最初感知和关注的元素。

此外，视皮质中激活米老鼠形象的记忆可能会让你想起米老鼠的其他方面，比如它的声音。所以，记住米老鼠意味着记住声音和面貌。视皮质中神经元的激活（用以记住米老鼠的样貌）可以触发分布在整个大脑中的相连神经元的激活，这个例子就包括位于听皮质中的神经元（用以记住米老鼠的声音）。你可以同时"看到"和"听到"它。

但是，记忆的提取并不是在DVD（数字通用光盘）菜单或YouTube视频上选择一个项目，按下播放键就行。我们不会像看书一样阅读记忆，也不会像放电影一样播放记忆。视觉记忆并非浏览智能手机中可以放大和缩小的相册。这不是在看照片，记忆是一种联想寻宝游戏、一项重建工作，它涉及激活大脑中许多不同但相互关联的部分。我们在反复记这些记忆，而不是重新播放它们。当一部分记忆受到刺激时，记忆就会被大脑提取出来，从而激活连接记忆的线路。

如果你创造并激活了正确的记忆提取线索，你就会记得夏天的第一个夜晚，你在海滩上吃牡蛎和烤棉花糖，小苏茜被水母蜇了……或者甚至是圆周率小数点之后的 111 700 位数字。

# 02
## 集中注意

不久前，大约是 40 岁的时候，我从科德角半岛开车到马萨诸塞州剑桥市的肯德尔广场，把车停在一个车库里。我看了一眼时间，心想得快点儿。我需要在几分钟内抵达几个街区外的一个地方并发表演讲，我希望能稍微早点儿到。在通常情况下，我在车库停车的时候会拍下楼层编号或字母编号，用来记录停车位置。但由于担心迟到，我没有拍下停车位置，穿着高跟鞋以最快的速度离开了那里。更糟糕的是，我也没有有意识地记录我的停车位。

我准时到达会场，进行了 45 分钟的演讲，回答了现场提问，并在书上签了名。整个过程大概花了一个半小时。

当回到车库时，我走到自认为停车的地方，却发现我的车并不在那里。我在斜坡上来回踱步，却始终找不到我的车，我越发沮丧和绝望。我在车库里一层又一层地寻找，高跟鞋磨破了我的脚。我应该把车停在了四层，但也有可能是三层或五层。我把车停在了 A 区、B 区还是 C 区？不知道。我不记得了。哪儿都找不到我的车，它消失了。

我知道我的车确实停在这个车库了，这是我唯一的信心。我不停地按着汽车遥控器上的按钮，尽量不让自己惊慌，祈祷着能听到哔哔声，或者看到闪烁的灯光。然而，什么动静都没有。就在我准备报警说车被盗时，我突然发现它就停在 4B 区。

我如释重负。这个令人抓狂的经历让我手足无措又汗流浃背，我条件反射般想把它归咎于我的记忆，但作为神经科学家，我知道事实并非如此。我找不到车，不是因为我的记忆力有多差，或是我有健忘症、痴呆、阿尔茨海默病。这根本不是记忆内存的故障。暂时找不到车与我的记忆完全无关。

找不到车是因为，我从一开始就没注意到把车停在哪里了。

为了能记住正在发生的事情，我们需要做的最重要的一件事就是留意它。这需要两样东西：感知（视觉、听觉、嗅觉、感觉）和注意力。假设你正站在纽约市洛克菲勒中心那棵巨大耀眼的圣诞树前，通过视网膜中的光感受器——视杆细胞和视锥细胞，你可以接收到光的形状、大小和颜色等视觉信息。这些信息被转换成信号，传递到你大脑后部的视皮质，并在那里被处理成实际上你看到的图像。接着，大脑的其他区域会对它做出进一步处理，以形成识别、意义、比较、情感和意见。但是，除非你将注意力集中在这棵圣诞树上，否则被激活的神经元就不会连接起来，也就不会形成记忆。你甚至不会记得见过它。

记忆并不是一台摄像机，不停地记录你所接触的每个景象和声音。你只能捕捉和保留注意到的东西。由于不可能对所有事情都全神贯注，你能够记住的也只是已发生之事的某些方面，而不是全部。回想夏天在海滩上的第一个夜晚，你还记得烤棉花糖、Lady Gaga 的歌，还有小苏茜被水母蜇了。但肯定还有更多东西可以看、可以听、可以尝、可以感觉。那天晚上，在场的另一位家长可能还记得热狗、啤酒、蚊子和海豹，你却对此毫无印象。由于亲身躬行和注意力缺失，你对同一个夜晚的记忆和你朋友的大相径庭。

设想一下感官在每一天都会接收到的大量信息。如果今天你的清醒时间是 16 个小时，那么你的感官会在 57 600 秒内不间断地工作。这是一组庞大的数据。但你根本不可能也不会记得今天眼睛、耳朵、鼻子和大脑所能接收的大部分信息。

接下来这个例子大家可能觉得似曾相识。我经常从波士顿洛根国际机场开车回科德角，车程大约一个小时。从家里开车约 40 分钟后，我会穿过萨加莫尔桥。这是一座 1 408 英尺<sup>①</sup>长的四车道钢拱桥，横跨科德角运河，桥体结构非常庞大，令人过目难忘。在行车过程中的某个时刻，我经常会突然感到十分困惑："等等，我是不是已经过桥了？"然后，我会注意到我已经开车行驶在 6 号公路的 5 号出口，也就是说，大约 10 分钟前我已经穿过了运河。我抵达了科德角，但是我完全不记得是否开车经过了那座大桥。

但我的眼睛肯定看到了。视觉信息被我的眼睛感知，桥的图像进入了我大脑的视皮质。我的大脑肯定看到了桥，我并不是要求大脑回忆童年时经历的一些模糊细节。10 分钟前，我才刚刚开车过桥！

然而我想不起来了，因为这段记忆从一开始就没有被创造出来。光靠感官来感知信息是不够的。如果没有注意力的神经输入，海马体无法将任何感官信息整合成持久的记忆。我没有注意到这座桥，所以开车经过它的经历在几秒钟内就从我的大脑中溜走了，消失得无影无踪。

忘记你刚才说了什么，忘记一个人的名字，忘记把手机放在何处，以及忘记你是否已经开过了一座很长的桥的首要原因

---

① 1 英尺 =0.304 8 米。——编者注

是注意力不集中。如果不集中注意力，你就很难记住眼前的任何东西。譬如，如果不注意眼镜放在了何处，你就不能形成你将眼镜放在哪里的记忆。当你后来疯狂寻找却找不到它的时候，实际上你并不是存在记忆障碍。你没有忘记任何事情，因为那段记忆从未形成。你的眼镜因为你注意力不集中而不见了（通常它可能正在你头上戴着！）。

所以，如果想记住一些东西，我们首先就要注意它们。然而，这并不简单。即使没有生活在这样一个注意力高度分散的时代，对我们的大脑来说，集中注意力也不是一件容易的事。在开车经过萨加莫尔桥的时候，我可能被一段对话或一些美妙的白日梦分散了注意力，我的注意力被转移了。还有一种更大的可能，就是我没有注意到自己在开车过桥，因为这个细节对我来说并不是特别重要。这是一种例行的、习惯性的经历。我开车经过那座桥几百次了。就像刷牙、洗澡、穿衣服、早上喝咖啡和晚上通勤一样——因为这些经历每天本质上都是一样的，我们不会去关注它们。因为不注意，所以我们不记得它们。我们倾向于关注那些有趣的、有意义的、新颖的、令人惊奇的、显著的、情绪化的和重要的东西，并因此记住它们。我们的大脑捕捉到了这些细节，忽略了那些记不住的方面。

1980年，我父亲换了一份新工作，在一家高科技公司担任开发部副总裁。在与人事部的人一起填写表格时，他毫不犹豫地写下了自己的电话号码，但当填写住址这一栏时，他被难住了。尽管在那里住了 5 年，他还是不知道自己家的街道地址。我父亲不是一个患有阿尔茨海默病的老人。当时他是一位 39 岁的杰出高管。人事部的那位女士不相信我父亲不知道自己住哪儿。我父亲解释说他当然知道。

"你沿着特拉佩罗路行驶，在山脚下向左转，然后在第一个路口向右转。我的房子在左边第三个。"他说他从未记住街道名称或号码，因为这并不重要。

人事部的女士觉得很有趣，问他："你的房子是什么颜色的？"

想了很久，我父亲笑着说："我不知道，但我可以给你我家的电话号码，我妻子可以告诉你。"

他仍然在为自己辩护："我不注意那种东西。"

5 年来，我父亲每天开车往返他的房子——总共 1 825 次，他怎么可能不知道它是什么颜色的？这么多次往返，他怎么会不记得房子颜色或街道名称？重复肯定能加强记忆，但首先你必须创造一个记忆来加强，如果没有注意力，这一切就不会发生。我父亲从未注意到房子颜色、街道名称或号码，所以，这些信息从未被巩固成记忆。

如果这是个看起来心不在焉的例子，有牵强附会之嫌，那么下面这个例子可能更相关。还记得之前让你想象的1美分硬币吗？除非你是个狂热的1美分收藏家，经常检查和留意硬币的特征，否则你很难从记忆中准确地回忆起它的样子。让我简化一下这个问题，请看下面7个1美分硬币的图案。

图中有6个是假的，你能认出哪个硬币是真的吗？你有十足的把握吗？

在1979年最初的1美分测试中，只有不到一半的受试者能够识别出这些图案中真正的1美分。正确答案是C。如果你也不记得"LIBERTY"这个词在哪里，分不清林肯的侧面像是朝右还是朝左，不要感到难过。这些特征对你来说无关紧要。它们不会影响1美分的价值，也不会影响你的消费能力，因为1美分的正面和背面的细节对你来说毫无意义，所以你不会去注意它们。尽管几十年来你也许接触过数千次硬币，但如果没有注意这些信息，你就永远不会形成对它们的记忆。

下面这个例子可能更容易引起年轻人的共鸣。苹果标识是世界上最具辨识度、最普遍的形象之一，我们大多数人每天都会在笔记本电脑、iPhone（苹果手机）和广告上看到它的形象。不管你是年轻人还是年长一些，请试着凭记忆画出苹果的标识。你有多少信心你的描述是 100% 准确的？现在看看你是否能在这 9 个图标中认出苹果真正的标识。

在最初的测试中，85 名大学生中只有一人能够凭记忆完美地画出苹果的标识。[①] 正如我们在美分测试中所看到的，当有几种变化可供选择时，只有不到一半（47%）的人能够正确识别。如果你选了其中一个，你就错了，这 9 个都是假的。

———————————

① 注意，在这项研究的 85 名学生中，52 名是忠实的苹果用户，23 名在苹果和微软计算机之间不置可否，10 名是忠实的微软计算机用户。在回忆或识别苹果标识的能力方面，这些组之间没有差异。

这意味着什么？苹果在向全世界消费者推销其标识方面做得很糟糕吗？绝非如此。当看到苹果产品时，我们都能辨识它。但我们记住的是标识或1美分的总体特征，而不一定记得细节。光是反复接触并不足以保证我们会记住一些东西。我们需要增加注意力。

现在，让我们假设一个情境，你可能会觉得特别熟悉。在一个聚会上，你的朋友萨拉把你介绍给她的丈夫。他跟你打招呼："嗨，我是鲍勃。"你告诉他你的名字并握了手。两分钟后你还在和他聊天，但让你感到羞愧和恐惧的是，你发现你根本不知道他叫什么名字。

或者是这样的场景，几天后，你在商店碰到了他。他笑容满面地说："嗨，（你的名字）！"你认出他了。你知道你在那个派对上见过他，他是萨拉的丈夫。但你想不起他的名字了。你说："嘿，你好！"

你为什么不记得鲍勃的名字？你清楚地听到他说："嗨，我是鲍勃。"你的耳朵没有被耳垢堵塞。你的听皮质接收到了单词的声音，你大脑中处理语言的区域也理解其内容。

但仅仅听到鲍勃的名字是不够的。为了记住他的名字，你必须注意到这个词语。一旦鲍勃说出他的名字，你的大脑就会有15到30秒的时间可以听到他的名字。如果你不增加注意力的神经输入，鲍勃的名字很快就会消散在空中。他的名字永远不会被你的海马体巩固并储存为记忆。所以你并没有忘记鲍勃的名字，因为你没有注意，你从一开始就没有记住他的名字。

集中注意力需要付出有意识的努力。大脑在默认活动状态下，注意力是分散的。漫不经心的大脑无法聚焦和敏捷地思考，做着白日梦，思维自由发散，处于自动驾驶状态，脑海里充满了持续不断的背景和重复的思考。这样的状态无法创造新的记忆。如果想记住一些事情，你必须让大脑处于"开机"状态，保持清醒，意识明确，并且集中注意力。

因为我们能记得我们关注的东西，所以我们可能想要留意一下关注的是什么。乐观主义者关注积极的事情——这就是他们巩固在记忆中的东西。如果情绪低落，你就不太可能把快乐的事情或经历中令人愉快的东西巩固到记忆中，因为快乐与你的情绪不一致。你甚至注意不到阳光明媚的时刻，因为你只看到了乌云，你找到的是你想要的。如果每天都在寻找魔法，如果关注那些欢愉和惊叹的瞬间，你就能捕捉到这些时刻，并将它们巩固在记忆中。随着时间的推移，你的生命叙事将充满了让你微笑的记忆。

我们生活在一个不断相互联系、被注意力分散困扰的忙碌时代。你的智能手机、脸书、推特、照片墙、短信提醒、电子邮件、不停歇的万千思绪——所有这些都是注意力窃贼，甚至就是记忆窃贼。尽量减少或消除让你分心的事情会提高你的记忆力。充足的睡眠、冥想和少量的咖啡因（但不要喝太多，且睡前 12 小时不宜饮用）是应对分散注意力的有力武器，它们可以增强你集中注意力的能力，从而建立长期记忆。

我这一代人（X 世代）经常吹嘘多任务处理能力，好像这是一种超能力。同样，千禧一代认为，一边看网飞一边用色拉布聊天没有问题。但是，如果你想记住你正在做的和经历的事情，这两种情况都有一个问题。当你的大脑试图创造一段记忆时，分散注意力会大大降低它发生的可能性。如果这些信息在你注意力分散时确实得到了巩固，那么这种记忆可能不够牢固，无法在以后完全恢复。你需要集中注意力，才能准确有力地记下一段记忆。

所以，如果真的想记住我说的话，你就应该放下手机。下次找不到车的时候，你不妨暂停一下。在指责自己的记忆力衰退之前，在痛斥自己的记忆力变差之前，在恐惧和担心自己患上阿尔茨海默病之前，请你想一想："我一开始就注意到我把车停在哪里了吗？"

# 03

## 在这一刻

注意力十分必要，但仅有它还不足以创造出新的记忆。夏天的第一个夜晚，海滩上壮丽的落日余晖吸引了我的注意，但这并不意味着 5 年后，甚至 5 分钟后，我还记得那次日落。除了注意力的信息输入，将信息或经历转化为持久记忆的过程始于当下。

还记得那个为了消除癫痫发作而手术切除了大脑两侧海马体的亨利吗？如果没有海马体，他就不能创造任何新的、有意识的长期记忆。新认识的人永远是陌生人，他记不住新词汇、新歌、电影情节或昨天发生的事。

但他并没有失去对一切的记忆。例如，他可以向他的医生重复一个电话号码或一个简短的列表。当然，一分钟后，他就会完全忘记这个电话号码，也会忘记曾经和他的医生讨论过一个电话号码这件事。但他至少能在几秒钟内记住 10 个数字。

事实上，他可以在很短的时间内记住任何事情。如果不断重复，他就能记得更久一点儿。只要不分心或不被中途打断，他可以记住足够长的信息来完成一个连贯的句子，理解人们对他说的话，并遵循指示。但如果没有海马体，他要怎样记住东西？他为何能短暂记住新的东西，哪怕只有几秒钟？亨利的海马体不见了，但他的前额皮质仍然存在，这是即刻记忆存在的地方。

存在于意识中的东西被统称为工作记忆。你不记得上周、昨晚，甚至一分钟前发生了什么。工作记忆只保存此时此刻你关注的内容。

接下来谈一谈"此时此刻"。

这是你当下的记忆。在你的前额皮质中，当前的视觉、听觉、嗅觉、味觉、情感和语言有一个有限且短暂的存储空间。它一直在工作，努力将你刚刚经历和关注的内容保留足够长的时间，无论你是否使用它。譬如，工作记忆将你现在正在阅读的句子开头保留了足够长的时间，以保证当读到结尾时，你可以理解整个句子。它将一个时刻连接到下一个时刻，所以你能够对正在发生的事情产生持续的了解。它可以让你跟上一段对话，理解一部电影的情节，也能在你的头脑中完成 12 × 14 的运算。工作记忆可以让你以足够长的时间在你的意识中保留一个电话号码或密码，以便在它们从你的脑海中消失之前，你能够将它们输入手机或计算机。

当这种情况发生时，你实际上可以感受到工作记忆转瞬即逝的本质。想象一下，有人飞快地、随机地说出你需要的 10个字符的 Wi-Fi 密码，而你手中没有笔。现在，你处于精神上的疯狂冲刺状态，你感觉仿佛有一个看不见的计时器在嘀嗒作响，你快速地在脑海中重复前几个字符，当你抢在脑海中的字符消失前手忙脚乱地输入这些字母和数字时，你会屏住呼吸。"你能再告诉我一遍密码吗？"

心理学家把当下你所看到的工作记忆称为"视觉空间便笺簿"。想象一下，用会消失的墨水在便利贴上匆忙写下的文字。当下你所听到的工作记忆被称为你的语音回路，是听觉版的视觉空间便笺簿。这是你刚刚听到的内容在脑海中的简短回声，也是世界上最短的原声带。

信息不能被长时间保存在工作记忆中。你可以将视觉信息保存在视觉空间便笺簿中，而将听觉信息保存在语音回路中，时间为 15~30 秒。只有这么短的时间，接下来这些内容就会被下一条输入信息取代。生活依旧继续着。你一直在听、在看、在想、在体验周围和内心发生的事情（你清楚自己总在那自言自语，对吧？想象你刚才是如何回复我的）。下一条信息进入你的工作记忆，它会把之前存储在那里的东西挤出去。

你可以通过重复让信息在工作记忆中保留更长的时间，比如大声朗读或者在脑海中默念。假设你再次尝试记住那个密码，就像在浏览器上刷新网页一样，重复密码实质上是将信息再次输入你的当前时刻，将计时器重新设置为另一个 15~30 秒。如果重复的次数足够多，这个密码就会通过你的海马体整合成一个持久的记忆。

如果亨利的医生对他说："亨利，摸摸你的鼻子。"他可能会记住这个指令足够长的时间，尤其是如果他对自己重复这个指令，以确保能成功地做到这一点。多亏了工作记忆，他仍然能够在那一刻感知和理解新信息，但他无法有意识地回忆起任何超出其有限容量的内容。一分钟后，这个指令就会从亨利的大脑中消失。他不会记得摸过自己的鼻子，也不会记得医生让他这么做过。

除了时效很短，工作记忆的容量也较为有限。你的工作记忆一次能容纳多少信息？答案小得令人惊讶，并且十分具体。乔治·米勒于 1956 年首次确定了工作记忆的容量，他的发现经受住了时间的考验。在工作记忆中，我们只能在 15~30 秒内记住 7±2 件事。

你也许会说，不对，电话号码是 10 位数。那么你是否拥有非凡的、天才级的工作记忆，因为只听一遍你就能准确地回忆起一个新的电话号码？对不起，并不是。

这个神奇的 7±2 个数字是可以增加的，你可以通过将需要记住的信息拆分成组织模块或有意义的组来进行。一直以来我们都是这样做的。例如，你不会试着把一个电话号码记成一串连续的 10 个数字，比如：

6175554062

你是这样来记忆的：

617-555-4062

因此，一个 10 位数的电话号码可以被存入工作记忆，因为它被拆分组合成了 3 个模块而不是 10 个：区号加上前 3 个数字再加上后 4 个数字。在语音回路中，你通常会在电话号码的声音中加入一些节奏和旋律，这对记忆有帮助。

类似地，这串数字 12062007 在工作记忆中要比 12/06/2007 更难保存。当这些数字像这样被分成 3 个有意义的模块时，我们很容易记住它们是 2007 年 12 月 6 日。

这里有一个更有说服力的例子。在 15 秒内，你能按正确的顺序记住这 18 个字母吗？

ALMNVYESIGIANEAOSM

如果我给你 30 秒呢？

除非你是受过训练的记忆冠军，否则我打赌你还是做不到。如果我把这些字母这样排列：

MY NAME IS LISA GENOVA（我叫莉萨·吉诺瓦）

现在你能按顺序重复一遍吗？这简直是小菜一碟。5 个有意义的、拆分后组合在一起的模块很容易就能被整齐地存入工作记忆。但是你不能将 18 个毫无意义的字母塞进同一个盒子里。当你读到最后一个字母的时候，前面的许多字母在你的脑海中已经失落了。

所以，如果能把要记住的内容分成模块，你就能在工作记忆中放更多信息。相反，如果你正在记忆的单词需要花更长时间来发音，你能够适应并记住的东西就会比神奇的 7±2 更少。

语音回路可以管理你在大约两秒内说多少个单词，然后它会在音轨消失前将这些单词保留 15~30 秒。

假设你正在试图用你的工作记忆记住一系列内容。如果列表上的单词有更多音节，那就更难了。平均而言，人们能从工作记忆中回忆出大约 90% 的 5 个单音节单词的列表，对于有 5 个五音节单词的列表，这一性能会下降到 50%。这是因为，你需要更长的时间才能在脑子里清晰地说出一个五音节单词。

例如，在没有提前演练的情况下，请读一遍下面的列表，看看你是否能立即根据记忆复述出来：

汤匙（spoon）

球（ball）

钢笔（pen）

毯子（rug）

门（door）

玩具（toy）

很简单，对吧？你有没有听到语音回路在你的脑海中播放单词的音轨？现在重复同样的指令，请不要提前练习或回顾这个列表：

个性（personality）

整形外科（orthopedic）

建筑学的（architectural）

想象（imagination）

占星术的（astrological）

折磨人的（excruciating）


感觉到不同了吗？你能感觉到这份列表的开头在你读到
"占星术"附近时逐渐变黑消失了吗？也许你认为，第一个列
表比第二个更容易记，是因为第一个列表上的单词更容易形象
化，你怀疑形象化有助于巩固和检索记忆。对持续几秒以上的
记忆信息来说，这是完全正确的。但在当前——此刻的工作记忆
中，你没有时间这样做。这里并不涉及额外的信息处理。为了
公平起见，试试这个列表：


好看的（nice）

悲伤的（sad）

帮助（help）

乐趣（fun）

凉爽（cool）

安全的（safe）

　　还是像第一个列表那样简单，对吧？虽然视觉线索和联想在工作记忆中不起作用，但是它们确实对长期记忆的巩固和提取有深远的影响。

　　现在，不要回头看，你能回忆起第一个简单列表中的那6个单词吗？如果你从单词"汤匙（spoon）"到这一段花了超过30秒的时间，那么你的工作记忆中就不再有列表上的6个单词了。如果你记住了它们，那是因为你的海马体正在处理它们，以便长期储存。

　　你看，你可以很容易地在工作记忆中记住"MY NAME IS LISA GENOVA"（我叫莉萨·吉诺瓦）这句话。那么更长、更复杂的句子呢？一个单词、句子或列表的音节越多，工作记忆就越难记住。你是否读过一个冗长的句子，里面有很多多音节单词，你发现你必须回到开头，断断续续地重新读一遍才能理解它？试着读一读史蒂芬·平克《当下的启蒙》第15-16页中的这句话：

　　在所有的状态中，所有能发现的有用状态（例如一个物体的温度高于另一个物体，也就是一个物体的分子平均速度高于另一个物体）恐怕只占很小一部分，而绝大多数都是无序、无用的状态（也就是两个物体之间不存在温差或分子平均速度相同）。

对你的大脑来说，一次（甚至多次）理解是件很麻烦的事。为什么会这样？即使是分成模块，这句话也太长太复杂了，工作记忆无法把整个句子都记下来。在读到句子的结尾时，你已经忘记了开头。所以，你必须倒回去重新阅读才能完全理解它。

让我们尝试一个更短、更简单的句子。下面是《我想念我自己》的第一句话。

其实早在一年多以前，她大脑中离耳朵不远的区域，就已有神经元开始死亡，然而一切都在神不知鬼不觉中进行着，她根本感觉不到。( Even then, more than a year earlier, there were neurons in her head, not far from her ears, that were being strangled to death, too quietly for her to hear them. )

你可能一下子就理解了这个句子，因为当你读到结尾时，你仍然可以记住开头的单词。每个逗号之间的单词组成了 6 个易于被处理的模块，整个句子可以在大约 7 秒内被念完：两者都在工作记忆的能力范围内。但是，在你完成阅读和理解的这几秒钟过去后，这句话就会从你的意识中溜走。

即使读过《我想念我自己》这本书，你也可能记不起前面那句话。边读边记单词不是我们的阅读方式。在你阅读完一句话后，工作记忆会立即进行删除。

我们看电影的方式也类似。昨晚我和孩子们一起观看了《复仇者联盟》。用不了 24 小时，我已经无法回忆起任何确切的对话内容，更别说一句完整的台词了。

且慢，如果所有内容都会在几秒内从工作记忆中消失，你又该如何记住这本书中的内容？为何还需要阅读？我如何能记住早餐吃了什么，舞蹈老师上周编排的新爵士舞，或者我 2017 年在 TED 上做的演讲？生活并不是每隔 15 秒或 30 秒就要被唤起的一系列列表或电话号码。

那么工作记忆的作用是什么？正如大多数人所理解的，工作记忆是通往记忆的大门。当前你时刻关注的、具有特殊意义、极具重要性或颇富情感的细节，你都可以从工作记忆中提取出来，并传送到你的海马体中。它们被巩固为长期记忆，与你的工作记忆不同，长期记忆有无限的持续时间和容量。

现在，我正在厨房的计算机上输入这些文字。我看到我的手、计算机、超大杯的星巴克，而我的 iPhone 上有一条未回复的短信提醒，时间是 3: 34。我听到割草机的声音，打字时计算机按键的声音，还有冰箱的嗡嗡声。我感到一丝饥饿。在当前这个时刻，这些信息将在我的工作记忆中保留 15~30 秒。如果这一刻没有特别重要的内容，那么这些信息将从我的工作记忆、意识和大脑中消失，几乎是瞬间、永远地消失了。我不可能记住这一刻。

当然，如果这一刻的某些东西值得留存，比如我正在写这本书的最后一句话，比如那条信息的内容是杰西卡·查斯坦想要出演我的小说改编的电影，又或者我把这一刻写进某一章节，并对其进行了数十次的反复阅读和编辑（这样的重复应该足够了），那么在这一刻，我感知并发现的有意义的信息就会从工作记忆的临时空间穿梭到我的海马体。在那里，神经元可以将这些稍纵即逝、分散的感官信息片段连接成一段单独的记忆——今天在我的厨房里发生的故事。如此一来，我不会在 30 秒内忘记这一刻的一切，我可能会记住这一刻几十年。

# 04
## 肌肉记忆

　　如果当下的时刻足够有意义且能够引起关注，那么它可以被巩固成稳定、持久的记忆。我们有 3 种基本类型的长期记忆：对信息的记忆、对已发生之事的记忆，以及对如何做事的记忆。

　　我喜欢滑雪。在六年级时，我从表姐凯瑟琳那里得到一对儿旧的 Dynastars 滑雪板。在高中时，我主要在新罕布什尔州滑雪，上大学时我在缅因州滑雪，20 多岁时我在新英格兰的任何地方都可以滑雪。但后来我有了 3 个孩子，搬到了科德角，那里唯一的山丘是沙丘。接下来的一切顺理成章，如今我已经十多年没有滑雪了。

　　当我终于回到滑雪鞍座上时，我记得我站在第一个滑道的顶端，盯着下面陡峭冰冷的场地，恐惧在我的交感神经系统中敲响了警钟。我不那么自信地想知道，我还记得怎么滑雪吗？我深吸一口气，臀部和脚尖向前，还没有考虑要如何抵达，就滑到了底部。我知道当时我的脸上一定洋溢着激动兴奋的笑容："学了就永远不会忘！"

流行文化称其为"肌肉记忆"。重复和集中精力的练习可以将之前不相关的一系列复杂的身体活动结合在一起，作为一个单独的动作而不是一系列独立的、费力的步骤来执行。精确模式一旦被存储到记忆中，我们就可以更流畅、更快、更准确地执行这一动作，而不必有意识地思考如何去完成。因此，我们可以在钢琴上弹奏《致爱丽丝》、开车去上班、打棒球、走到厨房或者滑雪下山，在做这些事情的时候我们并不需要有意识地去思考。用耐克的广告语说，就是只管去做（Just do it）。虽然你可能不记得你的配偶在 5 分钟前说了什么，但肌肉记忆非常稳定，即使做了几十年的替补队员，也可以随时重返赛场。

但"肌肉记忆"这个词并不准确，在这里，我要为它真正的主人正名。一旦学会了小鸡舞，你的身体就可以表演这套动作。你可能会觉得你的胳膊和腿还记得如何跳这些舞步，但这套编舞的程序并不存在于你的肌肉中，而是在你的大脑里。

执行一些你知道如何操作的事情，运用的是大脑中被激活的记忆，但是这种记忆与我们习惯上认知的记忆略有出入。我们通常认为，记忆是已知的事物（八角形有 8 条边、你的电话号码、地球是圆的）和已发生之事（我在大学打橄榄球时撕裂了前交叉韧带，法瑞尔·威廉姆斯在听完演讲后对我竖起大拇指并微笑，上周末我参加了一个婚礼）。这类记忆被称为陈述性记忆。你可以宣称你记得或知道某事。陈述性记忆的提取包括有意识地回忆以前所学和过往经历。

例如，谁在电影《电子情书》中与汤姆·汉克斯演对手戏？你在有意识地搜寻大脑中的记忆，并且非常明确地意识到自己找到了答案。如果这个问题太简单了，你马上就知道答案是梅格·瑞恩。那你试试这个：谁在《现代美人鱼》中与汤姆·汉克斯演对手戏？或者，列出你昨天发短信的所有人。你会感受到有意识地搜寻这些信息所耗费的努力。

寻找这类记忆仿佛隔靴搔痒。我为什么要进这个房间？那家伙叫什么名字？我把手机落在哪里了？回忆陈述性记忆会让人颇感费力、抓狂，有时甚至是徒劳的。我们可以清晰地感觉到当搜索记忆时我们有多努力，搜寻已知之事和已发生之事往往是一项非常艰巨的工作。

肌肉记忆则不同，它是你对运动技能、程序和编排事件的记忆。肌肉记忆是无意识的，你下意识地记住这些动作。开车、骑自行车、用筷子吃饭、传快球、刷牙、打字，这些都是肌肉记忆。很久以前，你并不知道如何完成这些事。然后，通过大量的重复和改进练习，你学会了。你记住了这些步骤。当你现在骑自行车时，你不必停下来想："等等，让我先回忆一下怎么做。"同样，美国体操运动员西蒙·拜尔斯在腾空时不需要考虑如何扭转身体。一旦掌握了这些步骤，你就可以立刻从记忆中毫不费力、下意识地把它提取出来。在记忆这些步骤时，你完全没有意识到它们。它们变成了无意识的、程序化的动作。你骑上自行车就走，西蒙·拜尔斯完成了一组尤尔琴科跳马动作，稳健落地。

那么，肌肉记忆是如何以及在哪里产生的？假设你正在学习如何打高尔夫球。教练正在教你如何将脚和肩膀与球对齐。他告诉你如何在手臂伸直的同时，设置一个可以让杆面碰到球的距离，屈膝，收一点儿，松手，眼睛一直盯着球。你学会了如何旋转躯体、向后挥杆、向下挥杆，以及后续动作。

为了创建高度精确、可重复、自动化的运动模式，各个单独的身体步骤必须连接起来，整合成一段单独的可供检索提取的记忆，比如打高尔夫球。语义记忆和情景记忆通过海马体得到巩固，而肌肉记忆是通过大脑中一种被称为基底神经节的部分连接在一起的。随着不断重复一系列身体活动的步骤，它转化成神经活动的连接模式。当你继续学习这项技能时，大脑的另一部分小脑会提供额外的反馈。"再往左站一点儿。""别弯手腕。"由此对运动进行调整和改进，你也得到了进步。

虽然海马体对形成新的情景记忆和语义记忆至关重要，但这种脑部结构甚至不参与产生肌肉记忆。还记得亨利吧，为了治疗持续不断的癫痫发作，他通过手术切除了大脑两侧的海马体。因此，他再也不能留下任何新的有意识的记忆。但是，值得注意的是，他仍然能够创造出新的肌肉记忆。他不记得5分钟前发生了什么，但他可以学习如何完成一项新任务。

心理学家布伦达·米尔纳有一个非常著名的案例，她教会了亨利如何做镜像绘画。亨利需要在两颗同心星星之间的空间内画出一颗五角星，但他只能通过镜子的反射看到这些星星以及他的纸和铅笔。这项任务并不容易，亨利一开始并不擅长。但通过反复练习和不断进步，他最终可以毫无差错地通过镜像画出五角星。换言之，亨利可以学习，这证明了他可以创造并保留长期的肌肉记忆，比如通过镜像画出一颗五角星。但是，如同他术后的每一次经历一样，他没有意识到自己曾经学过如何做这件事。每次画那颗五角星的时候，他都说这是第一次尝试。通过无意识的肌肉记忆，他记住了有意识的陈述性记忆无法记住的东西。

因此，肌肉记忆的巩固需要通过大量的集中练习来反复激活。一项技能的神经激活模式一旦得到巩固，"如何打高尔夫球"的记忆就会"存活"在运动皮质神经元中。这些神经元通过脊髓连接，告诉身体所有的随意肌该做什么。摆动左脚的大脚趾，伸出右手食指，手臂一挥而起，用球杆打高尔夫球，所有这些都可以映射到运动皮质中不同神经元的激活。

与其他类型的记忆一样，随着不断重复，你的肌肉记忆会变得更牢固，也可以更有效地进行检索和提取。这些相连的神经元会告诉身体该做什么，所以，通过不断练习，你会做得更好，熟能生巧。

这种改善部分地受益于身体肌肉的训练。如果你反复练习110米栏，与短跑和跨栏有关的肌肉就会变得强壮，身体也会被塑形，你的表现也能得到提升。但是，你能够更快地跨过这些障碍而不摔倒，首要原因在于，你已经反复激活并加强了大脑特定的神经连接。你成为更优秀的跨栏运动员，不仅仅是因为你的股四头肌变大了。我可以通过整天做深蹲，锻炼出巨大的股四头肌，但从未干净利落地跨过第一个栏。通过练习，你更擅长跨栏了，那是因为你的大脑变大了。

大脑扫描研究表明，当你从新手成长为高手时，运动皮质中被这种技能激活的部分会变大。例如，如果你是一名钢琴家，你负责手指运动的运动皮质部分就会变大。如果你是一名钢琴演奏大师而不是新手，这部分就会占据大脑更多的空间。任何身体技能方面的专家都是更多神经连接的结果，他们需要将更多的大脑物质投入肌肉记忆。

无论你在反复做什么，它们都会改变你的大脑，然后你的大脑会改变你移动身体的方式。并没有精确的数据显示多少次练习足以形成这种改变，但一般来说，学习一项新技能需要更多的重复，而不仅仅是记住别人的名字或者记住你把车停在何处。作家马尔科姆·格拉德威尔在他的《异类》一书中推广了一个概念，即从新手到专家需要1万小时的练习。乍一看，这个数字高得离谱。例如，我每周上一次一小时的舞蹈课。当我的老师第一次给我们演示布鲁诺·马尔斯的《放克名流》的编舞时，我感到非常吃力，动作笨拙，也做错了很多动作。但再上两三节课，我就有足够的练习来记住这套动作，几乎可以不犯任何错误地完成它。我仅用了4个小时，这是怎么回事？我是世界上最好的舞者吗？

声称只花了4个小时就掌握了《放克名流》的编舞，实际上这是对我多年的舞蹈基础和肌肉记忆的忽视，而这些比学习那套特定的舞步要早得多。我3岁开始学习芭蕾舞和踢踏舞，上高中时在一家舞蹈团表演，30多岁时在波士顿的珍妮特·尼尔舞蹈工作室跳舞。因此，我能够熟练地表演《放克名流》的舞蹈动作，这得益于我毕生舞蹈事业积累的肌肉记忆，这些记忆累计达到 1 万小时的舞蹈时间。

虽然这个数字实际上并没有什么神奇之处，但马尔科姆是对的。通过大量的集中训练和重复练习，你会在试图掌握的任何技能上取得显著进步。但你会成为大师吗？不一定。即使你练习得足够多，你能像阿比·瓦姆巴赫一样踢好足球吗？或者像西蒙·拜尔斯那样跳马吗？也不是没有可能。但我只有 5 英尺 3 英寸①高，我可以一直练习下去，但永远不可能像迈克尔·乔丹那样扣篮。我们中的一些人天生就拥有比其他人更擅长某些技能的大脑和身体类型。如果你拥有这样的资质，可以精通某些技能，那么你需要大量刻意专注的练习。重复是掌握肌肉记忆的关键。

因此，创造肌肉记忆与陈述性记忆并不相同，记忆提取也大相径庭。一旦习得，肌肉记忆就会在你没有意识到的情况下发生。你在无意识中记住了如何去做一件事。当我骑自行车的时候，我的大脑里发生了很多事情。我正在提取记忆，激活连接的神经回路，指导身体如何踩踏板、保持平衡、掉头转向和

_____

① 1 英寸 =2.54 厘米。——编者注

刹车，但我并没有有意识地参与这些过程。

假设你正在学习用钢琴演奏舒曼的《C大调幻想曲》。首先，演奏需要大量有意识的加工、集中精力和艰苦的重复练习。但是，一旦你练习得足够多，一旦你把程序信息整合到你的肌肉记忆中，这些被记住的音符序列就会被归入无意识记忆。你可以直接进行演奏，不用看乐谱，也不用考虑单个音符的模式。你只需要把手指放在琴键上，然后开始弹奏。

我们一整天都在无意识地提取肌肉记忆。当阅读本章内容时，你知道阅读的程序吗？不知道。每次开车时，你都必须有意识地回忆16岁时学过的驾驶课程的细节吗？不是。当接发球时，你会有意识地分解如何挥动网球拍的步骤吗？不会。你还记得是在写电子邮件时学习打字的吗？也许你还记得学打字时的细节。我上十年级时坐在教室后排，在我的朋友斯泰西的右边。我还记得那些乏味的练习：AAA—SSS—DDD—FFF。但现在我不需要刻意回忆这些，就能在电脑前写出这一章。我已经记住了"如何打字"。而这种记忆不是被有意识地提取出来的。我们可以不用思考如何打字而打字。

这样的大脑设计非常有益。在将肌肉记忆委托给潜意识神经回路的过程中，你已经完全掌握了如何去做某件事，大脑的"总裁""首席执行官"和其他高层可以自由地继续其思考、想象和决策的执行功能。所以，你可以在散步时嚼着口香糖聊天。我可以在写这本书的时候专注于我想与你们交流的内容，而不必考虑写作、打字和拼写单词的机制。

大脑创造肌肉记忆的能力是无限的。令人兴奋的是，它可以学会做几乎任何事情。就像学习乘法表或一门外语一样，大脑可以学习探戈、编织、倒立、骑独轮车、开飞机、冲浪、滑雪和用拇指发短信。即使在执行这些肌肉记忆方面远未达到奥运会水平，你也可以学习它们。所有这些过程都可以转化为自动化的技能，通过激活大脑中重复训练形成的无意识记忆，最终由身体的肌肉来执行。只要训练充分，你就可以改变运动皮质中的神经连接，让曾经看起来陌生得不可思议和无法做到的事情变得非常简单，学了就永远不会忘记，就像骑自行车一样。

# 05

## 大脑里的百科全书

我住在马萨诸塞州。

你需要海马体来形成新的、有意识的且可供提取的记忆。

我有 3 个孩子。

光速大约是每秒 186 000 英里[①]。

$H_2O$ 是水的化学分子式。

巴黎是法国的首都。

我是一个作家。

全世界有近 5 000 万人患有阿尔茨海默病。


工作记忆中的一些信息因其重要性而脱离了转瞬即逝的命

---

① 1 英里 ≈1.61 千米。——编者注

运，这部分被注意到的信息被海马体巩固后，可以成为大脑储存的长期记忆。这些有意识保存的记忆是关于已知之事和已发生之事的。已知之事被称作语义记忆，是你所学知识的记忆，你所掌握的有关生活和世界的事实，也是你大脑里的维基百科。你可以回忆起这些信息，而不需要记得学习它的细节。语义记忆是与任何个人时间和地点相分离的知识。它是不依附于任何特定生活经验的数据。

对发生的事情的记忆以及对与地点和时间相关的信息的记忆被称为情景记忆。你肯定记得情景记忆："还记得我们去布达佩斯的时候吗？"另一方面，语义记忆更像你刚刚得知的信息："布达佩斯是匈牙利的首都。"情景记忆是私人化的、关于过去的记忆，而语义记忆是关于信息的、永恒的记忆，仅仅是事实。

例如，我知道光速大约是每秒 186 000 英里。我从语义记忆中提取了这些信息。如果我能回忆起学习这些信息的具体情况（实际上我不能），那么这将是一种情景记忆。

同样，你知道乔治·华盛顿是美国首任总统，但你不记得他当总统的场景，因为那时你还没出生。你可能不记得学习这个事实的实际经历，因为你那时候太小了，这种情景记忆会随着时间的推移而消失。你已经忘记了时间和地点，只记得你学到了什么。"乔治·华盛顿是美国首任总统"是一种语义记忆。

语义记忆不仅适用于总统、州首府、数学公式和你在学校里学到的任何东西，它还存储了你所有的个人数据。我是 11 月 22 日出生的。我并不记得我出生时的场景，但我知道 11 月 22 日是我的生日。你在登记表上填写的所有个人信息——姓名、地址、电话号码、出生日期、婚姻状况等——都是你从你的语义记忆中提取出来的。

　　我们大脑中的所有数据都是语义记忆，因此，如果想知道更多信息，我们必须非常擅长创建和提取语义记忆。那么我们该怎么做呢？创造一种能够持续存在的语义记忆，通常需要以有意识地保留信息为目标，进行学习和实践。记忆需要重复和努力，但有些类型的重复和努力比其他类型更有效。

　　有时候，生活会自然地重复那些我们需要记忆的信息。这是婴儿和初学走路的幼儿学习语言的方式。婴幼儿说出的第一个词通常是"妈妈"或"爸爸"等，这并非巧合。除了发音最简单，这些词还被父母重复了很多遍。

　　我每天都光顾的星巴克咖啡师非常了解我的印度拉茶拿铁习惯，一看到我走近柜台，他们就开始为我制作饮品，我一句话都不用说。这并不是简单的顺序，但他们已经记住了：超大杯、热的、两泵印度拉茶拿铁、椰奶、不要水、不要奶泡（虽然很尴尬，但是我就是喜欢这个味道）。我最近问他们记住了多少顾客的饮料订单，他们估计大约有 50 个。虽然他们每个人可能都有将某些人与某些饮料联系起来的不同策略，但是创造这些语义记忆的共同点是重复。这些咖啡师对老顾客的订单了如指掌，因为我们每天都会出现，这让他们的大脑通过重复记住了我们爱喝的东西。

如果你等不及通过重复的、习惯性的生活经验逐渐将新的语义记忆刻进你的大脑记忆，那该怎么办？我们都有过为考试或演讲而学习的经历。如果为了下周的考试，你必须学习 12 对儿脑神经，中途岛战役的细节，或者麦克白"明天，明天，再一个明天"独白中的每一句台词，那该怎么办？哪一种更有利于长期记忆？是考试前一天晚上的死记硬背，还是用 7 天的时间来学习？

如果学习总时长相等，分布式练习胜过死记硬背。这就是所谓的间隔效应，随着时间的推移，间隔训练要记住的信息会让海马体有更多时间来完全巩固你正在学习的东西。间隔也给你提供了一个更好的自测机会，极大地加强了这个记忆回路，接下来你会看到这一点。

因此，尽量不要在考试前熬通宵。你可能会在早上通过把填满的海马体里的内容倒出来取得好成绩，但你不太可能在下周或明年记住这些信息。把你想学的东西间隔开，你会记住更多，忘得更少。

反复接触信息有助于记忆。当你三年级的时候，你一遍又一遍地重复 8×3=24，把这些数字敲进你的脑子里，直到你最终记住它。但是总有比死记硬背更好的学习方法。

正如你现在所知道的，记忆既包括将信息整合到大脑中，也包括将信息从大脑中提取出来。边学习，边记忆。为了更好地学习新信息，你不仅要反复让大脑接触你想要获取的信息，还需要反复从你的大脑中提取这些新信息。

这就是我说的自测。不仅是一次又一次地记住 8×3=24，你还要一遍又一遍地回答 8×3 等于什么。当你自测并得到正确答案时，你就在提取已经学到的信息。回忆重新激活了你的记忆神经通路，加强它们，你的记忆力就能变得更强大。如果只是重新读一遍你想知道的东西，你就是在被动地反复观看和感知信息，你永远不会提取它们，所以你不会得到额外的记忆增强奖励。重复的自测胜过重复的学习。

同样，如果你被介绍给一位名叫凯茜的女士，你可能会在与她握手时重复她的名字："很高兴见到你，凯茜。"现在你已经两次听到她的名字了。重复她的名字是有帮助的，但更有帮助的是自我提问。如果你后来想："我之前遇到的那位女士叫什么名字？"只要你能想出"凯茜"这个词，而且不是大脑一片空白，那么下次见到她时，你更有可能记住她的名字。

下面这个实验很好地诠释了这一点。受试者的任务是学习斯瓦希里语，他们中没有人以前学过这门语言。受试者需要学习40对儿英语—斯瓦希里语单词组。

第一组受试者观看了单词对儿，他们进行了一定次数的自测。这类似于识字卡，你先看到英语单词，然后在看对应的斯瓦希里语单词前，试着说出这个单词。

第二组受试者一旦学会了斯瓦希里语单词，就停止学习。他们继续阅读还没有记住的单词，仅仅通过阅读来进行实验。所以，这一组受试者在没有自测的情况下继续学习尚未记住的东西。

第三组观看了与第一组相同次数的单词对儿，但他们没有进行自测。第四组一旦学会了斯瓦希里语单词，就会像第二组那样停止学习，但第四组接下来会测试自己学习有困难的单词，而不是简单地重读它们。

一周后，对所有四组进行回忆测试。使用自测来学习的第一组和第四组记住了80%的斯瓦希里语单词，而不使用自测的第二组和第三组只记住了大约35%的斯瓦希里语单词。自测让回忆记住的信息加倍！

为了记住信息，我们还需要做什么？在创造和回忆任何一种记忆时，意义都举足轻重。这一点怎么强调都不为过。这里有一个很好的例子。在赫尔辛基，经验丰富的出租车司机和新手实习司机会被要求回忆一系列街道。如果这些街道是按照实际可行驶的顺序排列的，那么经验丰富的出租车司机在测试时可以回忆起 87% 的街道，新手们只回忆起了 45%。

这完全说得通。经验丰富的出租车司机有更多的经验，所以他们对这个城市的街道有更多的知识和语义记忆。他们比新手更熟悉周围的路。

但是，如果经验丰富的出租车司机和新手司机以随机顺序获得相同的街道名称列表，即列表上的第一条街道与下一条街道没有物理连接，以此类推。那么经验丰富的出租车司机和新手之间的回忆没有太大差异。在这种情况下，街道名称的含义被剥夺了，因此，经验丰富的司机失去了基于街道之间有意义的路线的记忆提取优势。

下面是另一个例子。国际象棋选手被要求在一个棋盘上只看 5 秒钟，棋盘上有 26~32 枚棋子，放置在现实的游戏位置上。然后，研究人员给了他们一块空板，要求他们重现短暂看到的内容。他们的记忆有多好？国际象棋大师和特级大师平均能在棋盘上正确地替换 16 枚棋子，而新手只能记住 3 枚。这个结果并不令人惊讶。

但有趣的是，如果 26~32 枚棋子随机排列在棋盘上，对实际游戏没有任何现实意义，那么大师们就失去了记忆优势，他们对棋子位置的记忆和新手一样糟糕。他们没有记住 16 枚棋子的位置，而是平均记住了 3 枚。正是这些棋子的意义和它们的位置赋予了大师们超强的记忆力。他们整体上（"在棋盘上"，双关语）并没有更好的记忆力。他们对有意义的事情有更好的记忆力。

大脑没有兴趣知道无聊或不重要的信息。如果想了解更多内容，你就要让信息对你有意义。这就是记忆法的工作原理。如果会弹钢琴，你可能会用助记符"每个好孩子都能得到奶糖"（Every good boy deserves fudge）或类似的东西记住高音谱线上的音符。音符是 E，G，B，D，F。这个甜蜜的句子比音符本身的字母顺序更容易学习和记忆，因为句子有意义且有道理。为了记住 12 对儿脑神经，我首先记住了那首朗朗上口的歌谣："在古老的奥林匹斯山顶上，一个芬兰人和德国人看到了一些啤酒花。"（On old Olympus's towering top, a Finn and German viewed some hops.）然后，以第一个字母为线索，按顺序记住脑神经：嗅神经（olfactory）、视神经（optic）、动眼神经（oculomotor）、滑车神经（trochlear）等。有意义的句子比独立于任何相关线索的神经列表更容易被记住。

除了简单的记忆法，还有很多技巧可以增强你的语义记忆，但其中最强大的技巧至少利用了你大脑两大天赋中的一项——视觉图像和记忆物体在空间中的位置。你的大脑可以很容易地想象出你要求它做的任何事情的视觉图像。例如，想象一下奥普拉·温弗瑞穿着复活节兔子的服装，大口大口地嚼着一根大胡萝卜。能想象出来吗？现在把她放在某个地方。她坐在你厨房的柜台上。看到她了吗？很容易，对吧？你猜还有什么？你刚才所做的……非常令人难忘。

但是，奥普拉打扮成复活节兔子坐在厨房柜台上的形象有什么用呢？就其自身而言，它一文不值。但是，如果把这种视觉和空间意象与你想要记住的东西联系起来，你就有了一个非常强大的神经连接和线索来回忆你想要记住的信息。

还记得我在第一章提到的日本退休工程师原口证吗？他记住了圆周率小数点之后的 111 700 位数字。他是怎么做到的？其他像他一样的记忆运动员使用的技术是将大量毫无意义的数字转换成视觉图像。原口证将数字转换成音节，然后把这些音节变成文字，构建成他可以描绘的复杂而有意义的故事……记住，要进行大量的日常练习。

记忆冠军乔舒亚·福尔是《与爱因斯坦月球漫步》一书的作者，他使用了一种小技巧来记忆信息。他首先记住了从 00 到

99 的每一个两位数，让它们对应一个人对一个物体做了某种动作。然后，他可以将任何 6 个数字组合成一个独特的人在做某件事的场景。如果数字 10 是爱因斯坦骑驴，57 是阿比·瓦姆巴赫踢足球，99 是詹妮弗·安妮斯顿吃百吉饼，那么数字 105 799 就变成了爱因斯坦踢百吉饼。图像越令人惊讶、恶心、怪异、丑陋、动态，甚至越不可能发生，就越令人难忘。

但是，在你真正使用这些技巧（以及其他类似的技巧）来记住你感兴趣的东西之前，你必须做大量的记忆工作。如果这件事听起来令人筋疲力尽，别忘了我就在你身边。我没有那样的奉献精神和时间。除非你有动力成为一名优秀的记忆运动员，或者你的人生梦想是记住圆周率小数点之后的 111 700 位数字，否则我认为你也做不到。大多数人永远不会想，也不需要记住那么多信息。但我们中的很多人想要更好地记住待办事项清单上的 10 件事、我们的 Wi-Fi 密码，或者去商店需要买的 6 件东西。

有一种不那么令人生畏且更实用的方法，可以让你记住生活中更实际和常见的列表，这种技术被称为轨迹法或记忆宫殿法。对早期人类的生存来说，记住食物的位置、藏身地点，以及如何安全回家，是非常重要的事。不管你是一个孩子还是80 岁的老人，是一个学习糟糕的学生还是一位天体物理学家，你的大脑都已经进化到能够描绘和记住事物的位置。

有了记忆宫殿法，你就可以利用你天生的视觉和空间意象的超能力，将要记忆的东西与物理位置联系起来。这些地点不需要在宫殿里，但必须在一个你已经知道的地方。

如果你的家是你的宫殿，当你走进和穿过你的家时，你可以想象6个地点或休息站。我的路线是这样的：我的邮箱、前门台阶、盥洗室长凳、厨房柜台、烤箱、水槽。无论选择路线上的哪个地点，你都要确保它们是按照自然顺序进行的，或者你可以很容易记住它们。

现在，假设我有一张购物清单，没有电话和纸笔。我需要在没有任何外界帮助的情况下记住购买这6样东西：鸡蛋、香蕉、鳄梨、百吉饼、牙膏和卫生纸。在我的脑海里，我把鸡蛋放在我的邮箱里，把香蕉放在前门台阶上，把鳄梨放在盥洗室的长凳上，把拿着百吉饼的奥普拉放在厨房的柜台上（还记得我们之前把她放在了那里），把牙膏放在烤箱里，把卫生纸放在厨房的水槽里。当我今天晚些时候去商店的时候，我可以在记忆宫殿的精神景观中漫步，想象自己走进房子，访问我脑海中的地点。当我打开邮箱时，我会"看到"里面的鸡蛋，前门台阶上的香蕉，等等。

如果我不创建一个外部列表或使用这种技术，我很可能会忘记购买百吉饼。与任何联想、图像或地点无关，这些自由漂浮的杂货不会以一种丰富的、深度编码的方式进入我的大脑，因此，它们更难被回忆起来。记忆宫殿法提供了精细的编码，将你进化的大脑喜欢的视觉图像和位置联系起来，如果想炫耀，你就可以拿它当诱饵，把你清单上所有的杂货都按顺序钩上来。现在，你只要记得去商店就行了……

经常使用这些工具——重复、间隔学习、自我测试、意义赋能、视觉和空间想象——无疑会加强你的语义记忆，让你记住更多东西。我们普遍认为，知道更多东西是一种令人羡慕的特质，知道更多东西的人是聪明人。但要记住的不仅仅是信息。虽然记住大量信息可以帮助你在 SAT（美国高中毕业生学术能力水平考试）中获得 1 600 分，甚至可能让你成为《危险边缘！》的参赛者。把你所知道的信息和你所记得的生活经历结合在一起，你会变得更聪明。除了你知道的事情，还有发生过的事情。

# 06
## 发生了什么

我记得在 1978 年的暴风雪后，我在特拉佩罗路中间滑雪橇。

我记得第一次抱起大女儿的那一刻。

我记得有一次和朋友阿什利一起看了英国酷玩乐队的演唱会。

我记得奥斯卡颁奖之夜，马修·麦康纳说："朱丽安·摩尔主演的《依然爱丽丝》。"

我记得遇见乔的那个晚上。

对生活中已发生之事的记忆被称为情景记忆，是被你铭记的"你"的历史。它是与地点和时间联系在一起的记忆，充满了生活经历中与时间和地点有关的回忆。情景记忆是抵达过往的时间旅行。"曾几何时"……

有些经历会持续一生，而另一些会在第二天悄然消逝，了无痕迹。我们对一些生活事件会有详尽可靠且易于提取的记忆，对其他事件却毫无印象。是什么决定了哪些经历会被铭记，哪些会被抛弃？为什么我们不能记住发生的每一件事呢？

让我们从你不记得的事情开始：

5个星期前的星期四你享用的晚餐

3个月前的星期三开车送孩子上学

上星期二的通勤路程

每次你洗衣服的时间

星期五早上的淋浴

你能看出所有这些被遗忘的生活经历有什么共同点吗？这些都是例行公事。我们一直都在做这些事情。这些完全不值得记录的时刻是我们日常生活中平凡的、习惯性的事件。虽然吃饭、个人卫生、差事和通勤占去了我们醒着的大部分时间，但从长远看，它们占用的记忆却很少。情景记忆对千篇一律并不感兴趣，我们记不住那些稀松平常和预料之中的东西。这些过往不可能超越当下。

我 50 岁了。到目前为止，我已经吃了 1.8 万多顿晚餐。我具体能记得多少次这样的用餐经历？几乎没有。

又是意大利面？一觉醒来，全忘了。

那我们还记得什么？虽然我们的大脑在记住索然无味和习以为常的东西方面很糟糕，但在记住意义丰富、情感充沛乃至惊世骇俗的东西方面却相当惊人。如果还记得某些晚餐，你很快就会意识到那些晚餐在某些方面很特别，否则它们很快就会被遗忘。

例如，你能告诉我你 2019 年 11 月 28 日星期四的晚餐吃了什么吗？你可能很难回答，如果我提醒你那是感恩节呢？因为这是一个节日，这天不再是平常的某个工作日，而是一个特别的星期四，你也许可以告诉我你 2019 年 11 月 28 日的晚餐吃了什么。我吃了两个山核桃卷，意大利饺子（我们是意大利人，每顿饭都要吃意大利面食），火鸡和一个奶油泡芙。

你也可以告诉我那天和谁在一起，又或许你还记得当天的衣着，谁赢得了那天下午的足球比赛，甚至具体到比分；那天天气如何；也许你和叔叔发生了一场政治争论；或许那晚你看了电影《小鬼当家》；你对当天活动的所有感受。正因为那一天有着特殊的意义，你不仅能够提取已发生之事的记忆，并且细节丰富。

但是，如果我问你 2019 年 11 月 30 日晚餐你吃了什么，你的记忆可能一片空白，而这一天的记忆更近，只是在感恩节后的第二个晚上。我不记得 11 月 30 日我的晚餐、和谁吃的饭、衣着打扮、天气情况以及我对这一切的感受。那一天可能是枯燥无味、例行公事的一天。我们不记得无趣的日常生活。除非那顿晚餐有特殊的意义，或是用餐过程中发生了一些令人惊讶或激动的事情，抑或我经常通过思考和谈论来重温那一天的经历，否则它很可能会被遗忘。

我之所以不记得今天早上刷牙的经历，部分原因与习惯有关——我们学会了忽略那些习以为常的、无关紧要的事情，甚至不记得忽略了什么。注意力是记忆的前提。

假设你丈夫每天晚上 6 点开着他的银色丰田凯美瑞驶入车道，一周有 5 个晚上都这样，周而复始。每天晚上 6 点，你都能透过厨房的窗户看到他的车。但你对他回家的任何特定细节可能都没有清晰的记忆，因为它日复一日，毫无差别。

现在，让我们想象一下，今晚 5 点，他穿着女装、开着一辆红色法拉利驶入车道，而乔治·克鲁尼坐在副驾驶座上。哇！前所未有！这一切令人瞠目结舌。光是惊喜就足以让那个特别的夜晚变得终生难忘了，但你也可能会告诉你认识的每个人，一遍又一遍地讲述这个故事。"天哪，他把车开进了车道，太难以置信了！"每一次重述，你都在重新激活记忆，强化那些对经历的细节进行编码的神经通路，使记忆变得更强大。

但是，如果你的丈夫继续每晚5点穿着女装，开着红色法拉利载着他的朋友乔治·克鲁尼回家，那么，即使是乔治也难免会成为明日黄花（我知道这很难想象）。你只会记得第一次，但不会记得第10次、第42次或第112次的细节，因为你已经习以为常了。它平常得如同意大利面晚餐、早晨的咖啡以及刷牙一样，无足轻重。不重要的事情最容易被遗忘。

我们的长期记忆更倾向于情感充沛的生活事件——胜利、失败、坠入爱河、羞辱、婚礼、离婚、出生、死亡。许多研究表明，对情绪体验的情景记忆比对中性体验的记忆效果更好。事件越情绪化，我们对该事件的记忆越生动翔实、细致丰富。

情绪和意外会激活大脑中被称为杏仁核的部分。一旦受到刺激，杏仁核就会向海马体发送强大的信号，基本上是传达这样的信息："嘿，现在发生的事情非常重要。你要记住这个。快巩固它！"因此，大脑会捕捉你所经历的背景细节等信息，并将其联系在一起——你在哪里，和谁在一起，什么时候发生的，你对此的感受如何，等等。情绪和意外就像一个大型铜管乐队，通过在你的大脑中游行唤醒你的神经回路，让你意识到正在发生的事情。而常规事件很难让人产生情绪上的波动和变化。

能够引发情绪反应的经历对你来说很可能非常重要，所以你更倾向于重温这些经历。你回忆并复述这些由情感驱动的有意义的故事，让这些记忆变得更强烈。

如果经历了一些非常意外和异常情绪化的事情，你就可能产生所谓的闪光灯记忆。发生以下这些事情的时候，你在哪儿？

肯尼迪遇害的时候

挑战者号航天飞机爆炸的时候

辛普森案判决的时候

戴安娜王妃去世的时候

2001 年 9 月 11 日

特朗普当选总统的时候

闪光灯记忆并不像它的名字所暗示的那样是照相式的，但它确实包含了大量生动的细节信息，比如，当时你在哪里，和谁在一起，日期，你的衣着打扮，你和别人说了什么，天气状况，你的感受，等等，这些远比你所记得的某次事件的前夜甚至上周发生的事情要多得多。例如，我还记得 2001 年 9 月 11 日早上太多令人心碎痛苦的细节，但我无法告诉你任何一件发生在前一天或第二天早上的事情。

闪光灯是对那些令人震惊的、非常重要的或对你有重大影响的经历的情景记忆，它能唤起强烈的情绪——恐惧、愤怒、悲伤、喜悦、爱恋。这些出乎意料、异常重要且充满情感的经历变成了难以消退的记忆，多年后还能很容易被回忆起来。

闪光灯记忆不仅仅局限于公共活动，也可能是私人的，比如车祸或者父母离世。它们不一定都是消极的或灾难性的，也可以是你被求婚的那一天。如果你来自波士顿，你的闪光灯记忆也有可能是红袜队赢得2004年世界职业棒球大赛的那一天。

如果你对公共事件有闪光灯记忆，那是因为你觉得自己与它有关联。辛普森的审判判决和戴安娜王妃的死可能会让你感到震惊，但如果你多年后还记得这些事件的生动细节，那么它们对你来说也一定是私人化的。你守在电视机前好几个星期，跟进辛普森的审判，是因为你非常关注判决结果。多年前，你看着戴安娜女士嫁给查尔斯王子，从那时起，大洋彼岸的你就对她心生崇拜。

我在新闻上听到英国的爆炸事件，如果后来我能回想起来，我可能会对朋友说："你听说英国发生爆炸了吗？"我是在回忆和分享事实。但由于距离很远，我无法切身感受到每一次全球暴行的情感冲击，我对这一新闻的记忆可能经不起时间的考验。

我确实对波士顿马拉松爆炸案产生了闪光灯记忆。波士顿是我的家乡，我曾多次站在马拉松终点线前。我清楚地记得2013年4月那个星期一的所有细节：我在哪里，和谁在一起，以及我当时的感受。那次令人震惊的爆炸事件触发了众多强烈的情绪，并且这种情绪非常私人化。我怀疑世界各地的长跑运动员，尽管与波士顿毫无关联，但是对这件事也会有闪光灯记忆。但如果你来自堪萨斯州或阿根廷，而且不是一名长跑运动员，那么你可能知道有一年波士顿马拉松发生了爆炸（语义记忆），但你可能不记得那天你听到这则消息时的个人生活细节。

把你最有意义的情景记忆串联在一起，就会创造出你的人生故事，这些被统称为自传体记忆。这是你精彩片段的人生卷轴——你的初吻，打进决胜球赢得冠军的那一天，大学毕业的那一天，结婚的那一天，搬进第一所房子的那一天，升职的那一刻，孩子出生的瞬间。你在自传体记忆的章节中保留的那些有意义的时刻，并不一定都是不切实际的浪漫或独角兽的故事。你记得什么取决于你正在创造什么样的生活故事。我们倾向于保存那些支持我们的身份和观念的记忆。

我的朋友帕特是我认识的人中心态最乐观的。我敢打赌，帕特的自传体记忆中充满了欢笑、欣赏和惊叹。与他相反，我的姑婆阿吉则是一个经常抱怨的人。她的人生故事——她对生活中发生的事情所保留的有意义的记忆——是悲惨的（作为一个小孩子，实际上我认为她的名字是知心姐姐）。同样，如果认为自己很聪明，你就更有可能记住自己做过聪明事的细节，忘记自己犯过的愚蠢错误。通过继续回忆和追忆那些可以证明你聪明才智的故事，你增强了这些记忆的稳定性，坚定了自我认知。

除了日常生活中情感中立的、完全不起眼的细节，以及与我们个人的故事关系不大而被抛在一边的东西，还有什么是我们不记得的？就已发生之事而言，我们几乎不记得3岁以前的事情，也很少记得6岁以前发生的事情。我们最早的情景记忆是最简短的短篇故事，以及和我们生活主线的连贯叙述完全脱节的感官快照。成年人能记住最早的情景记忆的平均年龄是3岁。3岁以前的记忆较为例外，可能包括兄弟姐妹的出生、父母的死亡或重病、搬家，以及非常意外的事件，或者基于别人反复告知的关于你自己故事的语义记忆。

幼年健忘的症状在六七岁时会消失，此后记忆的内容与你的故事紧密相关。回看7岁时的记忆，就仿佛在观看网飞电视剧有关你的人生记忆的第一季最早的几集，而重温4岁时的记忆可能更像在看其他电视剧的某一集。

为什么我们对年轻时已发生之事的记忆如此之少？大脑中语言的发展与巩固、储存和提取情景记忆的能力相对应。我们需要语言的解剖结构和回路来讲述所发生的故事，将我们经历的细节组织成一个连贯的叙述，可以在以后进行回顾和分享。因此，作为成年人，只有在拥有描述自己的语言技能时，我们才能获得所发生事情的记忆。

除了闪光灯记忆，我们记得最清楚的自传体记忆是什么？由于所谓的近因效应，我们仍然可以很好地记住过去几年发生的事情。这些新近创造的记忆非常容易提取，不像那些陈年旧物，需要清理太多的蜘蛛网，或者在阁楼里藏得太深。

但大多数生活中的情景记忆可能集中在 15 岁到 30 岁之间，即所谓怀旧性记忆上涨。我们记得最多的是这段生活。目前原因尚不明确，大多数科学家认为，这些年里有太多有意义的"第一次"——接吻、爱情、汽车、大学、性、工作、房子、婚姻、孩子。正是在这些年里，我们开始用目标和意义来充实我们的生活。再次强调，我们记住的是有意义的事情。

因此，我们需要情感、惊喜或意义来创造和保持我们的情景记忆。但在这个世界上，有少数人不需要这些元素就能记住发生了什么。拥有超强自传体记忆（HSAM）的人能够回忆起童年晚期以来几乎每一天发生的事情的细节。不管那天是

2001 年 9 月 11 日，还是 1986 年一个普通的星期一。这些拥有超强自传体记忆的人（世界上只有不到 100 人被确认）记得每天发生的事情，无论是意义非凡还是平淡普通的一天。对这样的人来说，不需要惊讶、情感或意义，每一天都会像闪光灯记忆或初吻那样被记住。

如果给这样的人一个日期，只要是在她或他的有生之年，她或他就可以在几秒内告诉你那天是星期几，那天天气如何，那个人做了什么，和谁在一起，她或他的身上发生了什么，以及她或他对这一切的感受。这一看似神奇的壮举并不是通过计算日历、记忆术或练习一些特殊的技巧来完成的。这些人并不是对事实和信息有着超强记忆力的自闭症学者。拥有超强自传体记忆的人对面孔、电话号码、记得打电话给水管工以及钥匙的放置位置都有正常的记忆。但是，对于记住已经发生之事这个现象，这类人拥有至今我们无法解释的超能力。

例如，对以下 4 个日期：

1977 年 7 月 20 日

1988 年 10 月 3 日

1992 年 6 月 15 日

2018 年 9 月 14 日

你能分别回答这些问题吗：

这一天是星期几？

你能说出在那一天发生的可证实的新闻事件或在那一天的一个月之前或之后发生的任何事情吗？

那一天你的生活中发生了什么？

如果你和我情况类似，你不会回忆出太多内容。1988年10月3日，我是一名大一新生，但我对那一天没有具体的记忆，不知道那天是星期几，也不知道当时世界上发生了什么。我对其他日期的记忆同样模糊不清。我知道我当时住在哪里，也知道我当时通常在做什么，但我无法回忆起关于那些具体日期的任何实际记忆。

在进行这个测验时，97%拥有超强自传体记忆的人正确地回答了星期几，87%的人回答了一个可证实的事件，71%的人回忆起一段情景记忆。而我们这些"麻瓜"只有14%说出了正确的星期几（因为猜测正确的概率是1/7，这个百分比是偶然的），1.5%的人记住了可证实的事件，8.5%的人回忆起了情景记忆。

拥有超强自传体记忆的人是如何轻松准确地提取他们一

生中几乎任何日期（通常是在 10 岁以后）的详细信息和星期几的？

玛丽露·亨纳说："我很容易记住 1988 年的每一天。这就像问我一个地址或电话号码。"她是电视、电影和百老汇女演员，因在情景喜剧《出租车》中扮演伊莱恩·纳尔多而出名，也是这个世界上少数几个拥有超强自传体记忆的人之一。

当我问她是否记得这些日期中的任何事情时，她立刻给出了答案。

"1977 年 7 月 20 日，那是一个星期三，我和理查·基尔一起拍《亲兄弟》。一个月前我搬到了洛杉矶。那个周末，我和男朋友以及约翰尼·特拉沃尔塔去了旧金山。"

对于每个日期，她都会在几秒内确定是星期几。然后，当天和附近日期的事件开始排列起来，并逐渐显露出来。

"1992 年 6 月 15 日，那是个星期一。天哪，那是在洛杉矶暴乱之后。整个城市仍处于封锁状态。我正在做一个有氧舞蹈视频的后期制作。我一整天都在编辑视频。"

"2018 年 9 月 14 日，那一天太鲜活了，这个日期的第二天我可以脱口而出，"玛丽露说，"那就是你来看《重组乐队》的时候。那是最后一个周末。"事实上，那是玛丽露和我第一次见面的日子，就在她在纽约市表演完这部精彩的音乐剧之后。

科学家已经找到 9 个大脑区域，这些区域在拥有超强自传体记忆的人的身上似乎变大了。但我们仍然不知道是这些扩大的大脑区域赋予了这些人超强的自传体记忆，还是拥有超强自传体记忆导致这些区域变得更大。撇开这个先有鸡还是先有蛋的因果关系不谈，我们确实知道，他们的情景记忆在大脑中似乎是按类别组织起来的，然后被一个日期固定下来。

"我觉得这是一条时间线。我没看到，但是感觉到了。我可以抵达那里。它从左到右排列着，但不可见。它是分块工作的。"

玛丽露能记得每一次她听披头士乐队的《嘿，朱迪》或在汤姆的餐馆吃饭时的细节。日历上的每个日期都与星期几、午餐吃了什么、穿了什么鞋等细节联系在一起，所有这些随时都可以被提取。在记忆去年 365 天发生的事情方面她可以得 99 分。对她来说，具有情感、意义或令人惊讶的经历并不比平凡普通的经历更容易回忆，尽管它们都令人难忘。大多数人只记得一年里的 8 到 10 件事。这种情景记忆的贫乏对玛丽露来说是难以理解的，就像她丰富的情景记忆对我们其他人来说一样。

当玛丽露认为她拥有的超强自传体记忆是一种珍贵的超能

力时，其他拥有这种能力的人却感觉受到了诅咒。他们很容易就能以极其生动的细节回忆起他们生命中最糟糕、最痛苦的日子，比如分手、死亡、每一个错误和遗憾、每一次损失和羞辱。对这些人来说，他们的记忆超能力更像是一个希腊神话。他们被赋予了能够记住一切的终极愿望，同时也被痛苦折磨着。

虽然玛丽露也能回忆起生活中每一个痛苦的时刻，但她不会纠结于这些。她选择从生活中的失误中吸取教训，像我的朋友帕特一样，专注于积极的一面。无论有没有超强自传体记忆，你选择与之相处的情景记忆在很大程度上都取决于你自己。

既然大多数人都没有超强自传体记忆，那么我们要如何才能更好地保留我们的情景记忆？无论是有意义的（去年你如何庆祝结婚纪念日）还是平凡的（今天早上是否吃了抗过敏药）。我们能做些什么来帮助我们记住这一年里 8 到 10 个以上的情景记忆？

**摆脱你的日常生活。**去一个新的城市度假，重新布置家具，在一家新餐馆吃饭，周末租一辆你梦想中的车。要记住令人厌倦的例行公事和重复无聊的日常真是太难了。

**放下设备，抬头看。**如果你的眼睛一直盯着手机，你就不会记得你没有注意到的东西，也不会注意到你周围发生的事情。你幼儿园最好的朋友昨天可能就站在星巴克的队伍里，就在你面前，但你完全错过了这次难忘的冰拿铁重逢时刻，因为你把所有的时间都花在了浏览脸书上。如今，美国成年人平均每天在屏幕上花费近 12 个小时。如果你每晚睡 8 个小时，那就意味着你每天只有 4 个小时有意识地进行非屏幕体验。如果想对生活中发生的事情有生动立体、丰富详细的记忆，你就必须走出去，生活在三维的世界中。

**去感受。**情感体验比中性体验更容易被记住。如果你想对发生的事情有更强的记忆，那就诉诸你的感觉。

**反复回想。**重复让你的记忆力更强。回想过去发生的事情，和你的女朋友在电话里闲聊，经常回忆这一切，会帮助你保持这些记忆。

**写日记。**在日记中记下今天的经历不仅会增加你将来记住这一经历的可能性，而且你所记录的信息可以作为触发回忆当天其他事情的线索。心理学家威廉·瓦赫纳尔坚持写日记超过

6年，记录了2 402件情景事件。仅仅是花时间写下这些日常记录，就是一种排练这些情景记忆的有效方式。但除了写下每一条记录，他从不重读自己写的东西，所以没有任何额外的排练机会。当他的同事后来测试他的记忆力时，他们发现，如果给他足够的线索（通常需要不止一个），威廉可以回忆起过去6年中80%的日常事件。写日记很管用！

**使用社交媒体。**我知道你很困惑。我只是让你放下你的设备。当谈到社交媒体时，我们无法回避它的负面影响，但在这里，它也可以被用作一种善的力量，或者至少可以强化你的情景记忆。浏览你的照片墙或社交媒体资料可以是一次愉快的回忆之旅，每一张照片和相应的说明都是一个强大的线索，能触发你对所发生事情的回忆。你记忆的时间顺序被很好地保存在那里，你最近记录的经历显示在页面的顶部，帮助你的大脑弄清楚事情发生的时间。如果你不使用社交媒体，浏览相册或保存在智能手机上的照片也可以。

**生活记录。**你的大脑不是摄像机，记忆也不是记录你所感知的一切。但是，越来越多的技术正在发展，它们可以作为你的大脑和记忆的延伸，把生活记录的科幻概念变成现实。可穿戴相机、录音机和各种应用程序可以通过图像、视频和声音从你的日常活动中搜集数字数据，这些数据可以在以后被回顾、重新体验和记忆。例如，通常戴在脖子上的小型相机可以全天每隔 30 秒拍摄一张照片并标记位置，创建一天的数字自传体记录。回顾这些图像可以增强你对当天发生的事情的记忆，可以作为记忆提取的线索。

现在，你对情景记忆有了一些了解，理解了情感、惊讶、意义、反思和回忆在记住已发生之事中发挥着怎样的作用。那么让我告诉你：无论是戴安娜王妃去世的那天，还是你的初吻，或者你参加酷玩乐队的演唱会，或者你丈夫第一次和乔治·克鲁尼开着红色法拉利回家，你对所发生的一切的记忆都是错的。

第二部分

# 为什么会遗忘

# 07

# 对已发生之事的错误记忆

你的情景记忆充满了扭曲、添加、遗漏、阐述、虚构和其他错误。基本上，你对已发生之事的记忆是错误的。让我们想一下，到目前为止，我在这本书中花了很多时间向你们证明，大脑在记住任何情绪化的、令人惊讶的、有意义的和重复的事情方面是"相当惊人的"。但现在我要告诉你，你对已发生之事的记忆是错误的。两种说法都是真的。

我发现，理解我们的情景记忆如何以及为什么会出错，也许会让你感到安慰。记忆处理的每个步骤——编码、整合、存储和提取——都容易被编辑和产生误差。我们只能在记忆创造过程中引入我们首先注意到和关注的东西。由于我们无法注意到展现在我们面前的每个瞬间的每一件事，我们只能对发生的事情的某些片段进行编码，然后记下来。这些片段只包含那些为我们的偏见所诱惑并引起我们兴趣的细节。因此，我对去年圣诞节早上发生的事情的记忆与我儿子的记忆不同，他和我的记忆都不会是全貌，即"全部真相"。从一开始，我们的情景记忆就不完整。

然后，你可能会想，无论注意到什么细节，你都会将其捕捉到记忆中，尽管不完整，但至少是准确的。事实恰好相反。把你的片段记忆想象成迪士尼世界里睁大眼睛的学龄前儿童，他们完全相信每个会唱歌的公主和巨大的两只脚老鼠。他们容易受骗，渴望协作。新生的记忆极易受到影响和被创造性编辑，尤其是在几小时到几天甚至更长一段时间里，它们在被巩固之前，还没有成为长期记忆。

在巩固情景记忆的过程中，你的大脑就像一个笨手笨脚又狂妄自大的厨师。当你把注意到的任何特定记忆的成分搅拌在一起时，通过想象、观点或假设的增减，这个食谱通常会发生戏剧性的变化。一个梦、你读到或听到的东西、一部电影、一张照片、一种联想、你的情绪状态、别人的记忆，甚至仅仅是一些暗示，都可能会扭曲这个食谱。

虽然被储存起来，但是对已发生之事的记忆仍然不能保证不会发生改变。太过久远的记忆会随着时间的流逝而变淡。这些物理神经连接确实会收缩和消失，抹去你对已发生之事的部分或全部记忆。

每一次提取记忆时，我们都有可能改变它。记住，当我们回忆已发生之事时，我们是在重建故事，而不是在播放录像带。记忆不是法庭上的速记员，能准确地复述所说的话。当回忆已发生之事时，我们通常只获取我们存储的一些细节。我们忽略了一些信息，重新解释了一些信息，并根据现在与当时可用的新信息、上下文和视角扭曲了其他信息。我们经常会创造一些不准确的新信息，以填补我们记忆中的空白，使叙述听上去更完整或令人更愉快。我们现在的感受也会影响我们对过去的记忆。我们的观点、好恶和情绪状态现在就在影响我们对去年发生的事情的记忆。因此，在重温情景记忆时，我们经常会重塑它们。

接着，非常有趣的事情发生了。我们重新整合和存储的是这个改变了的 2.0 版本的记忆，而不是原始的记忆。重新巩固情景记忆就像在 Word 文档中点击"保存"。我们所做的任何编辑都会被保存到该记忆的神经回路中。我们刚刚恢复的早期版本的记忆现在已经消失了。每当回忆起一个情景记忆时，我们就会覆盖它，而这个更新的版本是我们下次访问该记忆时将提取的版本。

正如你想象的那样，在对任何特定的情景记忆进行几次回忆之后，它可能与原始记忆产生相当大的偏差。你对发生的事情和实际发生的事情的记忆可能很像电话游戏，原始的句子在传话的过程中被歪曲了。就像电话游戏中"红玫瑰有带刺的茎"（Red roses have thorny stems）最终会变成"老鼠马有 4 个整齐的鼓"（Rat horses have four neat drums），你与朋友和家人一遍又一遍分享的记忆并不是对实际发生的事情的准确记录。

那么，我们的情景记忆有多不准确呢？首先，通过诱导性问题，我们的大脑可能会被欺骗，它以为自己记住了一些我们从一开始就没有经历过的事情。在许多研究中，研究人员向受试者提供错误的信息，以观察记忆是否会被错误地创建或歪曲。他们告诉这些毫无戒心的人关于自传体事件的完全虚假的故事，声称这些故事是从他们的父母和家人那里听到的。

还记得那次你乘坐热气球吗？还记得你 6 岁时在商场迷路吗？还记得你在你堂兄的婚礼上把红色潘趣酒洒在新娘的礼服上吗？研究人员就从未发生的事件向受试者提出了类似的问题，然后制作了修过图的照片和额外的细节，一切都是编造出来的。受试者对这些虚构的叙述有何反应？在这些研究中，25%~50% 的人坚持认为，他们记得这些从未发生的经历的细节。

"我记得坐在那个气球里。""它是红色的。""我和妈妈还有弟弟在一起。"当面对诱导性问题时，我们的情景记忆就会变成迪士尼世界里的学龄前儿童——准备好并愿意相信任何事情。

在另一项研究中，研究人员要求受试者分享他们对 2001 年 9 月 11 日在宾夕法尼亚州坠毁的被劫持飞机的视频的记忆。人们接受了采访，然后拿到一份问卷来测试他们记得什么。13% 的人在访谈中提供了对视频的详细记忆，33% 的人在问卷中报告了具体的记忆。但这些记忆 100% 都是假的。我们有在 "9·11" 恐怖袭击事件中纽约市和华盛顿特区坠机的录像，但没有宾夕法尼亚州坠机现场的录像。这些人相信，他们记得一段根本不存在的视频中的细节。

情景记忆在我们每一次回忆时都容易受到外界的影响，错误的信息也会在我们每一次回忆时乘虚而入，扭曲我们对已经历的事情的原始记忆。将错误信息带入我们的情景记忆中的最常见、最有效的手段是语言，是我们和其他人都在使用的词语。在我最喜欢的一项关于这一主题的经典研究中，两名研究人员向人们展示了一段车祸的视频，以确保所有人都对他们实际看到的东西有相同的原始记忆。

之后，他们会被问到以下问题：

当两辆车相撞（smash，猛烈撞击）时，你认为它们的速度有多快？

当两辆车相撞（collide，碰撞，造成受损或严重受损）时，你认为它们的速度有多快？

当两辆车相撞（bump，轻微撞车）时，你认为它们的速度有多快？

当两辆车相撞（hit，普通的碰撞和撞击）时，你认为它们的速度有多快？

当两辆车相互接触（contact，接触）时，你认为它们的速度有多快？

对车祸视频中汽车速度的记忆受到所用动词的显著影响——仅仅是单个词语的替换。听到"smash"这个词的受试者记得的汽车速度比听到"contact"的受试者快了10英里/小时。人们重建他们对所发生的事情的记忆，以匹配所提供的动词的强度，并在回忆过程中将这种调整纳入他们的记忆。

在一项类似的研究中，研究人员向三组受试者展示了一段多车相撞的视频。

第一组被问："当两辆车相撞（smash）时速度有多快？"

第二组被问："当两辆车相撞（hit）时速度有多快？"

第三组没有被问任何关于车速的问题。

一周后，他们都被问了同样的问题：

你在视频中看到碎玻璃了吗？

如果他们之前被问"当两辆车相撞（smash）时速度有多快"，32% 的人会记得碎玻璃。如果他们被问"当两辆车相撞（hit）时速度有多快"，只有 14% 的人记得碎玻璃，和没有被问到任何关于车速问题的人一样。现在你可能已经猜到了，视频中没有碎玻璃。所以，每个记得碎玻璃的人都记得看到了他们从未看到的东西。

因为用语言和误导性问题来操纵情景记忆很容易，所以我们不想依靠它来决定重要的事情，比如法庭判决和监狱判决，对吗？几乎一半的美国人相信，仅凭一名目击证人的证词以及由此产生的记忆就足以给被告定罪。截至 2019 年 9 月，美国已有 365 名被定罪的无辜者通过基因检测被证明无罪。其中约 75% 是根据目击证人的证词被判有罪的。因此，所有这些目击者的记忆都是错误的。

在 2008 年发表的一项研究中，研究人员向受试者展示了一段超市里虚假犯罪的视频。"小偷"偷了一瓶白酒。视频中有两个旁观者。一个走在酒类通道上，另一个站在农产品区。随后，研究人员向受试者展示了一排男性，其中没有一个是小偷。再强调一次，小偷不在队列中。23% 的受试者选择了走在酒类通道上的无辜旁观者，29% 的受试者选择了站在农产品区的人。因此，根据他们对已发生之事的记忆，超过一半的人选错了人。

我并不是说所有目击者的记忆都是错的。但我要说的是，他们中的一些人的确错了。在另一项研究中，人们观看了一段 32 秒的银行抢劫视频。20 分钟后，一半的人被要求在 5 分钟内写下他们所看到的事情。另一半则在一项不相关的任务上忙碌了同样长的时间。然后，每个人都被要求从一排人中挑出银行抢劫犯。61% 没有写下记录的人认出了抢劫犯，但只有27% 写下所见事情的人认出了抢劫犯。值得注意的是，即使离案发不到半小时，最多也就 2/3 的银行抢劫案目击者能正确记住抢劫犯的长相。写下看到的事情会极大地影响他们准确记住几分钟前所看到的事情的能力。

写下一些东西可以让你反复排练，从而加强你对要写下的细节的记忆，但这样做也会在无意中阻止你排练，从而在之后让你记住你没有囊括其中的任何细节。把任何感官体验用语言表达出来，都会扭曲和缩小对这种体验的原始记忆。作为一名作家，我觉得这令人非常沮丧。

同样，即使是谈论你对已发生之事的记忆，也会让你的记忆变得更模糊。由于用语言描述任何经历的意象、声音、气味、感觉等的能力是有限的，对已发生之事的口头叙述首先就被缩小了。当描述已发生之事时，我们只挑选了某些细节。

在我们谈论已发生之事后，这个更小的记忆版本被重新存储了，所以我们失去了更完整的、原始的记忆。那么，下一次当谈论这段记忆时，也许我们会忽略一个细节。比如你没有提到一直在下雨。当我们第三次复述已发生之事时，雨已经从记忆中消失了。因此，一旦我阐述了情景记忆，它所包含的信息就会变得比原始记忆更少了。

但它也可以因我创造性地提供或从其他来源借用的信息而得到扩展。我可能会添加一些有用的信息，一些背景或解释，一些使故事变得更好的修饰，或者一些我从朋友那里学到的新信息。现在，在我的大脑中，这个细节已经嵌入关于那件事的记忆。

假设你正在分享一个童年故事，你和你的兄弟用玩具枪射出的塑料圆盘伏击了家门口的花艺师（我们非常抱歉！）。你的兄弟说："哼，她总是不停地按门铃。"你不记得了，但你相信他。下一次当你回忆起这段记忆时，你会看到花艺师不停地按门铃。这就是你现在对这件事的记忆。

或者让我们假设，两天前你的办公楼发生了火灾，所有人都被疏散了。你记得自己平静地走出大楼，在停车场站了大约一个小时，感觉有点儿不方便，不知道这是一次演习还是真的发生了火灾。昨天，当你的同事讲述这个故事时，他说有人在办公室的自助餐厅里熏制火鸡，结果熏炉着火了。随后整个厨房都着火了，到处都是烟。你的办公室就在厨房下面的大厅里。你差点儿没命！

今天，当分享你对火灾的记忆时，你描述了如何在烟雾中几乎看不见通往楼梯间的路。这种常见的记忆错误被称为虚构症。在同事提供的信息的影响下，捏造的信息进入你的情景记忆。你不是有意撒谎。再强调一次，情景记忆是一个天真的学龄前儿童，而学龄前儿童相信圣诞老人。现在，你对这场办公室火灾的记忆让你相信，当你试图到达楼梯间时，空气中弥漫着浓烟。

正如你所看到的，随着每一次回忆，我们对已发生之事的记忆都会缩小或扩大，并以各种有趣且并不准确的方式发生变化，明显偏离我们大脑中最初产生的未说出口的记忆。具有讽刺意味的是，如果记下今天发生的事情，你就很可能只会记住你选择记下的细节。无论你说什么都会被强化，但如果你喋喋不休，记忆就会变形。但那些没有被重复或分享的记忆很可能会被扔进垃圾堆。当我们回忆已发生的事情时，不完美是我们的大脑所能做的最好的事情。

但是闪光灯记忆呢？那些充满自信的、生动的、色彩斑斓的记忆呢？它们是否比普通的情景记忆更牢固，还是同样容易被编辑和误导？即使在多年后，闪光灯记忆也肯定比普通的情景记忆更容易被记住，这让我们坚信它们的持久性和准确性。它们一定比常规的情景记忆更忠实于事实，因为它们的细节如此丰富，对吧？但这也是信心错付。闪光灯记忆和普通的情景记忆一样，都是不完整的、扭曲的、错误百出的。

想想看，1986 年 1 月 28 日，星期二，上午 11:39，挑战者号航天飞机发射升空，进入佛罗里达州湛蓝的天空。挑战者号上有 7 名宇航员，其中包括克里斯塔·麦考利夫，她是第一位进入太空的教师。在飞行 73 秒后，机组人员刚刚收到任务控制中心的全速前进指令，主油箱就爆炸了。当整个航天飞机解体时，幽灵般的白色羽状物蜿蜒穿过天空，全世界都在观看。没有生还者。

35 年后，这是我对挑战者号航天飞机爆炸的闪光灯记忆。

那是午餐时间，我在高中食堂，托盘里盛着一盘炸薯条和番茄酱，这时我从食堂的电视里看到了爆炸，学生和老师们一起观看了这一历史性事件。我记得当时的寂静和恐惧。

对 35 年前 1 月的一个星期二来说，记住这些已经非常不容易了，尤其是我无法告诉你前一天或后一天的任何细节。但我记忆中的这些信息准确吗？

作为一名高二学生，上午 11:40 很可能是午餐时间，所以我怀疑我的部分描述是正确的，但我对情景记忆有足够的了解，所以我不会坚持这么说。因为当时我没有写日记，也没有关于那天早上我所目睹的一切的记录，所以我无法确定我的高中食堂里是否真的有一台电视，我是否一直在吃炸薯条（1986年绝对在我养成健康饮食习惯之前！），或者挑战者号爆炸时我是否在食堂里。构成这种闪光灯记忆的细节很可能是真的、假的或畸形的。事实上，我敢打赌，我确信至少有一个完全错误的细节已经渗透到这个闪光灯记忆中。

原因可能是，我没有记录我在那悲惨的一天所目睹的一切，但心理学家奈瑟尔和哈施记录下来了。在航天飞机爆炸24 小时后，他们向埃默里大学心理学 101 课程的学生提出了一系列问题：

你在哪里？

你当时在做什么？

谁和你在一起？

你感觉如何？

那是什么时候？

他们还要求学生对每个答案的准确性进行信心评级，从 1（猜测）到 5（确定）。

然后，在 1988 年的秋天，也就是两年半后，他们向这些学生提出了同样的问题，并将他们的答案，即他们的情景记忆与他们的原始记忆进行了对比。他们的情景记忆有多可靠？没有人得到 100 分，这意味着没有人在两年半之后给出的答案与他们在 24 小时内给出的答案完全一致。25% 的人得了零分。这些人给出的每个答案都与他们在爆炸后立即报告的答案不同。仅仅两年半后，他们对这一事件的记忆就完全不准确了。一半的学生只能正确地记住其中一个问题的答案。

此外，作为一个额外的欺骗问题，实验者问这些学生以前是否回答过这些问题。只有 25% 的人说回答过，75% 的人肯定以前从未见过这份问卷。

所以仅仅两年半后，这些年轻人的记忆就出现了很多错

误。35 年来，你认为我对那次爆炸的记忆有多准确？我记得
在高中的食堂里，吃着炸薯条，和同学们一起看电视上的爆
炸。但也许那天我生病了没去学校，11:40 独自在厨房里吃鸡
汤面，那天晚上我和我的兄弟以及父母一起看了新闻上的爆
炸事件。即使在 30 多年后，我对闪光灯记忆中爆炸的准确性
仍然非常有信心。但我的高度自信就意味着我的记忆是准确
的吗？

并不会。你可以对自己生动的记忆有 100% 的自信，但它
仍然是 100% 错误的。如果我们回到埃默里大学学生的身上，
不管他们在准确性方面的实际得分如何，他们对自己所报告的
记忆都有很强的信心——即使他们被证明是大错特错的。

1989 年春天，这些学生收到了两套问卷的答案。当面对
爆炸的最新记忆和最初的描述之间的许多差异时，他们相信
最近回忆起的记忆的准确性，认为最初的那个版本是错误的。
奈瑟尔和哈施错误地认为，原件的细节——学生们自己的笔
迹——将成为有力的线索，触发他们对 1986 年 1 月 28 日实际
目睹情况的准确回忆。但这并没有发生，这些人都坚持他们最
近的叙述，并为不匹配而挠头，为自己的原始叙述感到震惊。
"我仍然认为这是另一种情况。"他们的记忆被永久地改变了，
而且是错误的。

但现在我们已经知道了我们对情景记忆的了解，这就完全说得通了。记住，每当我们从大脑皮质的架子上取出一个情景记忆时，它就变得很容易改变，在它被重新放上架子之前，我们用这个包含我们所做的任何更新的版本覆盖了我们刚刚提取的版本。所以，假设每个人在填写完原始问卷后都至少谈论或思考过一次航天飞机爆炸，那么爆炸的原始描述早就被覆盖了，取而代之的是更新版本的记忆，这些更新可能会在不知不觉中离实际发生的事情越来越远。

假设你和一位高中的朋友正在回忆 20 年前开车去看吉米·巴菲特的演唱会的情景。我们也可以说，自从去听音乐会后，你就再也没有想过那段记忆。在分享的过程中，你的朋友提供了一个细节，触发了你已经忘记的那段经历。

她说："记得耶恩是和我们一起来的。"

你说："哦，我的上帝，你说得没错！我完全忘了她在那里，但现在我想起来了。她坐在后座！"

这一细节仍然储存在你的大脑中，但将"耶恩"与这一记忆的其余部分联系起来的神经联系较弱，在没有额外提示的情况下，你自己很难激活它。当然，正如你现在知道的，你们可能都错了。也许耶恩和你一起去了滚石乐队的演唱会，而不是吉米·巴菲特的演唱会。或者她坐在前座，而不是后座。然而，你能回忆起什么，很大程度上取决于你所能获得的提示。

让我们假设，耶恩确实和你一起去了演唱会。现在来看，不是20年来不去想那段记忆，而是在过去的20年里，你多次回忆起这场演唱会，但每一次，你都没有把耶恩囊括在你的记忆中。切记，每一次回忆都是对最新版本的强化和再巩固。因为忘记了将耶恩囊括在这些更新中，你可能会永久丢失这个细节。"耶恩"可能不再与这段记忆有哪怕是微弱的联系。在这种情况下，你可能不会相信你的朋友对这件事的记忆。

"不，耶恩不在后座上。对不起，我根本不记得她在那里。"即使面对强有力的相反证据，你也会坚持你记忆中的故事，就像埃默里大学的学生一样，他们不会相信自己两年半前对挑战者号爆炸的手写报告。

所以，你对已发生之事的记忆可能是正确的，也可能是完全错误的，或者介于两者之间。下次当你的配偶坚持说她记得发生了什么，而她的故事与你记得的不一致时，你们不必争吵。要意识到，你们可能无意中都接收了这个共同记忆中的扭曲信息，接受现实吧，你永远都不知道到底发生了什么。

# 08

## 舌尖现象

前几天，我想不出在HBO鼎级剧场的电视剧《黑道家族》中扮演托尼·瑟普拉诺的演员的名字。我知道我记得他的名字，但我想不起来了。我知道他在意大利度假时意外去世了。他妻子卡梅拉的角色由艾迪·法尔科扮演。他和朱莉亚·路易斯·德瑞弗斯一起出演了那部可爱的电影。我能在脑海中想象出他的样子。我能听到他的声音。我翻遍了字母表，寻找第一个字母。A？安东尼？不，那不是他的真名。J？感觉很对。约翰？杰克？杰里？不，不是这些。

我知道他的名字储存在我大脑的某个地方，我隐约感觉这个名字离我很近，但我无法提取。我能够提取到关于这个名字的许多其他细节，我觉得我必须在正确的神经附近搜寻。当我上大学的时候，在互联网还没有出现的时候，当需要去图书馆的时候，某些过分争强好胜、不择手段的学生会从一本装订好的期刊中获取任何所需的信息，然后将其隐藏起来，以防止其他学生完成作业。在我的脑海里搜索托尼·瑟普拉诺的真名，感觉就像在我的大学图书馆里搜索期刊的书脊，盯着书架上我需要的信息所在的那片空白。这个问题在我脑子里转了几个小时，一直困扰着我，我一心想找到答案。我心烦意乱，烦躁不安，最后我放弃了，用谷歌搜索了一下。

*扮演托尼·瑟普拉诺的演员*

*詹姆斯·甘多菲尼*

就是它！甜蜜的解脱。

记忆失败最常见的经历之一是阻塞或舌尖现象（TOT）。你试图想出一个词，通常是一个人的名字或一个城市，一个电影名或一本书的名字。你知道你记得这个难以捉摸的词，但你一辈子都不能按需提取它。这个被阻塞的单词实际上并没有被遗忘。它储存在你大脑的某个地方，就像一只淘气的狗，叫它的时候它会躲起来。你暂时不能提取它。

为什么会发生这种情况？在你的大脑中，所有的单词都有神经表征和相关联系。一些神经元储存单词的视觉方面——

它们看起来像印刷的字母。其他神经元储存这个词的概念信息——这个词的意思，与它相关的每一种感官知觉和情感，以及你过去对它的任何体验。其他神经元负责语音信息。这些神经元保存了单词在说出口时的发音，对单词的口头发音是必要的，无论是大声念出来还是在大脑中。

当连接到你正在寻找的单词的神经元只有部分或微弱的激活时，阻塞就会发生。"她叫什么名字？我可以告诉你它以 L 开头，其他的想不起来了。"没有更多的神经激活，我就会被困在那里。

这种情况也可能发生在单词的存储信息和单词的拼写或发音之间没有足够激活的时候，这就是为什么我能想出那么多关于托尼·瑟普拉诺的名字，但我说不出来。这个名字就在我的舌尖上，但我就是说不出来。我说不出来。

这些实例有 1/3 到一半通常会自行解决。这个词在某个时候会突然"蹦"入意识。你在洗澡的时候突然想到了这个词。或者你躺在床上试图入睡，然后砰！詹姆斯·甘多菲尼。有时，你只是偶然碰到了一个提示，它恰好足够强大，足以触发并激活这个词。

当然，你可以寻求外援。你可以问提供答案的人，或者像我在谁扮演托尼·瑟普拉诺的例子中所做的那样，在谷歌上搜索答案。你马上就能得出答案。是的，就是它！

在舌尖现象的经历中，我们有时会通过第一个字母或音节的数量来窥见这个单词。我们经常能想到部分回忆，却发现它们只是些鼓舞人心却又软弱无力的暗示。"我知道它以 D 开头。"如果你说的是罗曼语，比如意大利语或西班牙语，你可能知道这个词是阳性或阴性的。你知道它以字母 a 结尾。

你也可能会想出一个不太相关的词，在发音或意思上与你拼命想找到的词相似。心理学家称这些间接相关的词为目标的"丑陋姐妹"，不幸的是，无意中锁定一个丑陋姐妹会让情况变得更糟。这些诱饵会转移你的注意力，诱使你沿着神经通路找到它们，而不是你真正想要的那个词。现在，每当你试图提取这个词时，你所能想到的就是那个丑陋姐妹。

这就是前几天发生在我身上的事。我忘了为什么（这颇具讽刺意味），但我试图记住佛罗里达州某个城市的名字。我知道我记得，但我找不到这个词。我脑子里一片空白，但并非完全如此。

"在迈阿密附近。它以 B 开头。我想它是以 B 开头的。是博卡拉顿（Boca Raton）吗？不，不是它。"

30 分钟后，我还是想不出来，我唯一能想到的城市仍然是博卡拉顿。我感到沮丧、恼怒、不耐烦和不舒服。

"来吧，大脑。那个城市叫什么名字？"

"博卡拉顿。"

"不，别再说了。不是它。"

除了"博卡拉顿"，我无法让任何神经元做出响应。由于哄骗和威胁都不奏效，我最终放弃了，求助于谷歌地图。我搜索了迈阿密南部，然后砰的一声，它就在那里！

比斯坎岛（Key Biscayne）。

有趣的是，比斯坎岛是一个由两个单词组成的城市，就像博卡拉顿一样。它们都有一个"B"，博卡拉顿是个丑陋姐妹，它吸引了我的注意力，把我的注意力从通往比斯坎岛的神经通路上转移开。我走错路了。丑陋姐妹效应也解释了为什么一旦你停止寻找正确的词，它有时会突然冒出来。通过取消搜寻，我的大脑可以停止停留在错误的神经目标上，这将给正确的神经元组一个被激活的机会。

这有另一个例子。我的男朋友乔正在和我谈论他的一个同事，他是一个狂热的冲浪者。我问："那个著名的冲浪运动员叫什么名字？兰斯？"

乔说："不，不是兰斯。"

但是，他也想不出正确的名字。后来，他告诉我，"兰斯"这个词把他的想法指引到了自行车手兰斯·阿姆斯特朗。这就是那个丑陋姐妹。乔知道兰斯·阿姆斯特朗不是答案，但他的大脑活动一直在兰斯的周围循环，顽固地反复搜索一组错误的神经元。他的注意力和回忆都受到这个丑陋姐妹的诱惑，这妨碍了他寻找真正的答案。如果我没有提供错误的猜测，乔的大脑可能会马上找到那个冲浪者。

"不，他娶了排球运动员加布里艾尔·瑞丝。"乔说。

我同意了，但这个提示不够强大，不足以为我们俩解开那个冲浪者的名字。我们被难住了，陷入一种不舒服的状态。几分钟后，乔脱口而出："莱尔德·汉密尔顿！"

乔的大脑里发生了什么，让他找到了答案？他是如何从丑陋姐妹的诱惑中解脱出来，并逃脱舌尖现象的困境的？我们不能确定（甚至他也不知道），但很可能是正确的组合和联想的数量被激活了，累积了足够的力量，离开了丑陋姐妹的"咒语"，并激活了目标词的提取。

尽管我的大脑最初无法提取冲浪者的名字，但它确实找到了正确的首字母。虽然我的大脑无法回忆起莱尔德·汉密尔顿的名字，但它立即意识到，莱尔德是乔说出这个名字时我正在搜索的名字。当你处于舌尖现象的状态时，目标词出现了，你不会怀疑它是不是正确的答案，或者需要一些时间去考虑它，或者进行事实核查。当下，你会立即取消搜寻。哈利路亚！

我可以给你更多个人舌尖现象的例子，特别是人名阻塞的例子，因为这是我们所有人最常见的一种记忆提取失败现象。这很正常。处于舌尖现象的状态并不意味着你患有阿尔茨海默病。把这个句子再读一遍，以便理解。平均25岁的人每周都会经历几次舌尖现象。但年轻人并不担心，部分原因是记忆丧失、阿尔茨海默病、衰老和死亡并不在他们的考虑范围内。由于如今的年轻人从小就为各种电子设备所束缚，他们会毫不犹豫地将检索工作外包给自己的智能手机。他们往往不会像他们的父母那样，在没有谷歌的帮助下，固执地坚持用老派的方式回忆丢失的名字，在痛苦中坚持几个小时（即使几分钟也忍不了）。

随着年龄的增长，我们遇到舌尖现象的频率通常会增加，这可能是由于大脑处理速度下降了。但当我们变老时，我们会更注意它们，因为衰老和阿尔茨海默病是更直接的现实，也更有可能导致这一现象。如果你的家人患有阿尔茨海默病，你可能会发现词语阻塞的感觉更令人担忧、更个人化。我们相信这种现象是病态的，随着年龄的增长，我们会变得越来越害怕记忆提取失败。虽然舌尖现象确实令人沮丧，但这可能不是我们去看神经科医生的原因。这个难以捉摸的词最终会突然出现在意识中。如果不能再忍受一秒的不适，那么你使用谷歌也不会感到羞耻或受到惩罚。

许多人担心，如果使用谷歌来查找他们被阻塞的词语，这个问题就会被加剧，实际上会恶化他们已经减弱的记忆。他们认为，谷歌是一根会毁掉他们记忆的高科技拐杖。这不是真的。查找扮演托尼·瑟普拉诺的演员的名字并不会削弱我的记忆力。同样，忍受精神上的痛苦，坚持自己想出这个词，并不会让我的记忆力更强，我也不会因此获得任何奖励。你不必成为一个记忆烈士。如果能在没有谷歌的情况下提取到托尼·瑟普拉诺的名字，你也不太可能经历更少的舌尖现象，更快地解决未来的舌尖现象，更好地记住你把钥匙放在哪里，记得今晚吃你的心脏病药物，或者预防阿尔茨海默病。

舌尖现象本质上是一种正常的记忆提取故障，是我们大脑组织方式的副产品。如果你的眼睛看东西需要帮忙，你就戴眼镜；如果一个词卡在你的舌尖上，你就使用谷歌吧。

在人们容易忘记的事物的层次结构中，专有名词明显比常用词更容易被阻塞。忘记别人的名字是一种完全正常且频繁的现象，并不是阿尔茨海默病的早期症状。这是为什么？

让我们想象一下，我给你和一个朋友看一张人脸照片。我告诉你照片里的那个人是个面包师（baker）。我告诉你的朋友，照片中人的名字叫贝克（Baker）。几天后，我给你们看同一张照片，问你们是否还记得照片中的人。你比你的朋友更容易记住贝克。

但是等等，你可能会疑惑。你和你的朋友看到了完全相同的照片，听到了完全相同的话。如果面包师这个词作为一种职业而不是一个人的名字被储存在记忆中，为什么同样的信息会更容易被记住呢？

这种现象实际上被称为贝克／贝克悖论。即使你不知道谁是面包师，但作为一种职业，烘焙也与你大脑中的许多关联、突触和神经回路有关。当被告知照片中的人是一名面包师时，你可能会想象他戴着白色的帽子和围裙，你可以想象他拿着一根擀面杖或一把木勺，你可能会想到你昨天晚餐吃的新鲜出炉的面包，你可能还记得小时候常去的面包店，你有多喜欢他们的肉桂甜甜圈，你可以想象苹果派的气味和味道。

相反，如果你被告知照片上是一个叫贝克的人，除非你认识叫这个名字的人，否则你会怎么想？你什么都想不到。贝克作为一个名字是一个抽象的概念，是一个神经学上的尽头路。除了你正在看的那张照片，它与你大脑中的任何其他信息都没有联系，所以这个名字更难被记住。支持面包师的神经结构更强大，因为它有更多复杂的连接和可能的神经激活通路——单词、记忆、联想和其他意义，这些线索可以触发"面包师"这个词来回应"这家伙是谁？"。如果你把记忆提取比作谷歌搜索，你会发现"面包师"比"贝克"更受欢迎。

贝克/贝克悖论也解释了为什么我们中的许多人不善于记住一个人的名字，而不是其他细节。当我看到一位以前见过的女性时，我可能很容易记得她是一名医生，她来自纽约市，她去年在新西兰度假。但无论如何，我想不起她的名字了。是莎伦吗？苏珊？斯特凡妮？我记不起来了。

值得庆幸的是，对这一悖论的理解为我们提供了一种策略，让我们可以更好地记住人们的名字，并减少这些舌尖现象发生的频率。因为专有名词在神经学上很难被记住，所以你可以通过把贝克变成面包师来帮助你记忆。贝克先生在你的大脑中没有联想，但面包师有。把他们连接起来！想象一下，照片中的贝克先生戴着白色的帽子和围裙，脸上沾着面粉。他手里拿着一把铲子，正在烤巧克力饼干。

在那位来自纽约的女士的例子中，我记得她是一位在新西兰度假的医生，但不记得她的名字了，假设她的名字是萨拉·格林（Sarah Green）。我可以想象萨拉·杰西卡·帕克（Sarah Jessica Parker）穿着一件印有"我爱纽约"（I Heart NYC）字样的 T 恤，戴着听诊器，在新西兰一片郁郁葱葱的绿地（green）上听一只羊的心跳。现在，我已经将萨拉·格林这个抽象的名字与许多视觉上的、精心制作的、丰富多彩的，甚至是奇怪的细节联系起来。下次我见到萨拉·格林时，我有更好的机会参与神经元的活动，这些神经元相互连接，并将导致我回忆起她的名字。

现在，希望你不再害怕舌尖现象，并且知道了阻塞是一种令人讨厌的、频繁的却又是正常的记忆提取失败类型。让我们看看我是否能让你体验一下。下面列出了 10 个问题，有些你可以很快很容易回答出来。对一些人来说，你知道你不知道答案。这不是记忆故障。你的大脑中根本没有这些信息。对其他人来说，你知道你知道答案，但是你提取不了它。

1. 巴西的首都是哪里？

2. 皇后乐队的主唱是谁？

3. 光速是多少？

4. "闪灵"是谁写的？

5. 罗马斗兽场在哪个城市？

6. 哪个行星离太阳第二近？

7. 谁唱的《这是你的土地》？

8. 你的幼儿园老师叫什么名字？

9. 谁在电视剧《老友记》中扮演菲比？

10. 谁画的《星月夜》？

你是不是至少被一个问题难住了？你现在处于舌尖现象状态。正如你在我和托尼·瑟普拉诺的例子中看到的，当你处于这种状态时，你经常可以提取到很多关于问题中缺失的词语。你能说出这个词的发音吗？你能猜出第一个字母吗？音节的数量？你能告诉我一些关于那个人或那个地方的情况吗？这些线索可能足够强大，足以触发答案的释放，但它们也可能是丑陋姐妹，是诱饵，引导你进入错误的神经通路，在那里你想要的答案并不存在。

虽然你不能总是相信线索，但你可以相信"知道你知道"的自信感觉，这种感觉就像坐在舌尖现象这辆车的前排。如果我给你看目标词语，甚至给你一个多项选择题，你会立即认出正确答案。从神经学上讲，识别总是比回忆容易。

还是被难住了？它在你的大脑里。继续找。或者你可以等一下，看看稍后答案是否会出现在你的意识中。或者，因为我理解处于舌尖现象的状态是多么不舒服，并且我很善良，主要是因为我想让你全神贯注于下一章的内容，这里是上面列出的10个问题的答案：巴西利亚，佛莱迪·摩克瑞，186 282英里/秒，斯蒂芬·金，罗马，金星，伍迪·格思里，问你妈妈，丽莎·库卓，凡·高。

感觉好点儿了吗？

# 09

## 别忘了，要记住……

我要记住给我妈妈打电话，

预约医生，

吃抗过敏药，

买牛奶，

明天早上把垃圾拿出去，

给我兄弟发短信，

把干洗的衣服送出去，

把洗好的衣物从洗衣机移到烘干机里，

回复肯的电子邮件，

11点和格雷格一起喝咖啡，

3点去接女儿，

在银行关门前去一趟。

前瞻记忆是你对以后需要做的事情的记忆，有点儿像精神上的时间旅行。你正在为你的未来创造一个目标。这是大脑的待办事项清单，是在未来某个时间和地点要回忆的记忆。但是它往往预示着遗忘。事实上，我们的神经回路对前瞻记忆的支持非常低，我们总是沉浸在失败中，它几乎可以被认为是一种遗忘，而不是一种记忆。

为了使前瞻记忆被记住而不是被遗忘，我们首先需要将以后需要执行的意图或动作编码到现在的记忆中。这一步通常不是问题。在今晚睡觉之前，我需要记得预订女儿从大学回家的机票。就在那里，我让我的大脑记住做这个任务。它记住了。

第二步我可能会遇到各种麻烦。我必须记住这个任务。一般来说，我们的大脑在这方面很糟糕，不仅仅是老龄化的大脑，而是所有大脑。关于未来计划的记忆（预订女儿回家的机票），我需要在未来（睡觉前），从现在起的 12 个小时内将其提取出来。因为为女儿预订机票并不像刷牙那样是一项根深蒂固的习惯性睡前任务，除非我创造一个或多个特定的提示，让我回忆起"在睡觉前为女儿预订机票"，否则我很可能会忘记这样做。

前瞻性记忆依靠外部线索来触发回忆。这些提示可以基于时间——在特定的时间或特定的时间间隔之后，记住要做某事。"2:50，你要记住去学校接孩子。"或者它们可以基于特定事件发生之时，记住做一些事情。"当你见到黛安娜时，询问她是否可以去学校接你的孩子。"

但我们有时设置了不太好的线索，或者在我们应该注意到它们的时候错过了，所以这种记忆很容易失败。我们忘记了去做我们想做的很多事。前瞻记忆像一个古怪的朋友，他喜欢约你去喝一杯，但有一半的时间他不会出现。这种反复无常、心不在焉的遗忘每天都困扰着我们大多数人。我们忘了买牙膏，忘了给妈妈打电话，忘了把过期的书还给图书馆。

看看下面的情况你是否觉得熟悉。以下问题取自前瞻和回顾性记忆问卷。请为你的答案打分：5（经常）、4（经常）、3（有时）、2（偶尔）或1（从不）。

1. 你是不是决定在几分钟内做完某件事，然后又忘了做？

2. 你有没有错过几分钟后应该做的事情，即使它就在你面前，比如吃药或关掉烧水壶？

3. 如果没有其他人或日历或日记等提醒，你是否会忘记预约的事情？

4. 你有没有忘记买一些计划要买的东西，比如生日贺卡，即使当时你经过了商店？

5. 你是否打算在离开房间或外出前带走某样东西，但几分钟后就把它落下了，即使它就在你面前？

6. 你是否忘记了给访客他们要求的回应或者某样东西？

7. 如果你试图联系外出的朋友或亲戚，你会忘记稍后再联系吗？

8. 你有没有忘记告诉别人你几分钟前想说的事？

你的情况如何？我的分数是 25。对于任何问题，我都没有回答 1（从不）或 2（偶尔）。

营销公司一直在利用我们的前瞻记忆漏洞。你加入一个在线锻炼计划，下载了一个冥想应用程序，或者订阅了一本杂志，免费试用 30 天，如果发现自己不使用或不喜欢它，你就可以计划好取消或退订。事实证明，你并不喜欢锻炼，你无法养成冥想的习惯，在最初的几天里，你没有阅读任何杂志上的文章，但在下一次的信用卡账单上，你看到你已经被收取了99 美元的年费。你忘记取消订阅了。

1997 年，研究人员观察了 1 000 名年龄在 35~80 岁的成年人的前瞻记忆和衰老情况。在研究中，每个人都接受了各种健康、社会经济和认知信息的筛查。但这才是真正的考验。在每个筛查环节开始时，每位受试者都被要求提醒实验者在环节结束时在一份表格上签名，这将是大约两个小时后的事情。你觉得大家表现如何？

在 35~40 岁的人中，只有大约一半的人记得告诉实验者在表格上签名。令人惊讶的是，45 岁的人做得最好，75% 的人记得该做什么。（这项研究的发起者感到很困惑，为什么这个年龄段的人比 10 岁以下的人表现得更好，而且没有提供任何令人信服的论据或假设。）但从那以后，人们的表现开始稳步下滑。不到一半的 50~60 岁的人记得要求实验者在表格上签名，大约 35% 的 65~70 岁的人和大约 20% 的 75~80 岁的人记得这一环节。

如果实验者通过额外的提示来提醒，那么会发生什么？让我们假设受试者忘记了应该做什么，并且在筛查结束时没有要求实验者在表格上签名。如果实验者提供一个提示会怎么样？"你还有什么事要做吗？"并用眼神示意。在所有年龄段中，这种提示都提高了他们的记忆力，但仍然没有一个年龄段做到百分之百记起。从 65 岁起，只有不到一半的人还记得要求实验者在表格上签名。

也许我们都更倾向于遗忘那些不起眼的小事，那些无关生死的普通任务，那些并不宏大的计划。如果你需要记住的事情对你至关重要，也许你会加强前瞻记忆的造诣。那些对高优先级任务的前瞻记忆是否对遗忘免疫？

完全没有。

1999 年 10 月 16 日，星期六，世界著名大提琴家马友友坐上了纽约市的一辆黄色出租车，大约 20 分钟后抵达半岛酒店，他支付了车费，下了车。出租车开走后不久，马友友想起了他忘记的事情。他把那把有着 266 年历史、价值 250 万美元的大提琴落在了出租车后备厢里。怎么会发生这种事？这件昂贵、稀有、精致的乐器是他一生中最重要的东西。

马友友后来解释说他很累，而且很匆忙，所以他可能心不在焉，认知能力也不在最佳状态。但他忘记大提琴的最大原因是什么？大提琴盒——那个巨大的、不可能弄错的提示——从他的视野中消失了。前瞻记忆——记得下车时带上大提琴——在他下车时，如果没有被这个提示触发，就无法被激活。看不见，也就不会放在心上了。令马友友深感欣慰的是，警方在当天晚些时候找到了大提琴，并将它归还给他。

在一个类似的故事中，独奏家林恩·哈雷尔将他 17 世纪价值 400 万美元的斯特拉迪瓦里大提琴落在了纽约市另一辆出租车的后备厢里。谢天谢地，他的大提琴也失而复得。这是怎么回事？拥有昂贵古董乐器的大提琴手是否很容易发生前瞻性遗忘？

并不是。前瞻记忆对我们所有人来说都是不可靠的，甚至对外科医生也是如此。2013 年，美国医疗安全监管机构联合委员会的报告称，在过去的 8 年里，有 772 件手术器械被遗忘在患者体内。在威斯康星州，一名外科医生在为一名男子切除肿瘤时，在缝合前忘记取出一个 13 英寸的牵开器。一个 6 英寸的金属钳被落在了一名来自加利福尼亚州的男子的肠子里。剪刀、手术刀、海绵和手套被遗忘在人体内的次数多得惊人。

记得把数百万美元、价值连城的大提琴从出租车的后备厢里拿出来，或者把 1 英尺长的手术器械从另一个人的腹腔里拿出来，这都是一件大事。这些例子不能像忘记买面包或倒垃圾一样。然而，事实上，它们是完全相同的。如果在正确的时间没有得到正确的提示，如果你的注意力没有留意这些提示，你就会忘记你应该记住的东西。

前瞻记忆对所有年龄段的人（你的孩子在离开房间时会记得关掉卧室的灯吗？）和职业（当然是外科医生和大提琴手）来说都是一项挑战。然而，我们往往会对这种普遍经历的、心不在焉的遗忘做出不公平的评判。如果一位同事忘记出席一次重要会议，或者你的孩子烤完饼干后忘记关掉烤箱，你很可能会把这些前瞻记忆缺失解释为粗心大意、性格不佳、不可靠、不负责任，甚至可能认为是阿尔茨海默病的症状。但这不能归咎于神经退行性疾病或性格缺失。忘记把包装好的、放在厨房桌子上的礼物带到你刚到的生日派对上，更有可能是因为缺少适当的提示，而不是性格问题。人非圣贤，孰能无过，尤其是当你依赖于你的前瞻记忆时。

这就是为什么我们需要帮助它……

**创建待办事项清单**。例如，我们可以为前瞻记忆创造外部辅助。当眯着眼睛阅读一臂远的菜单上的文字时，你需要更好的照明设备。如果想不断放大手机上的字体，你会怎么做？你会去取眼镜。如果你的眼睛不能完美地观看世界，我们会向一种叫眼镜的外部辅助工具寻求帮助。

把待办事项清单想象成你未来记忆的眼镜，这并不可耻。不要相信你以后会记得现在的计划。你大概率记不住。记住这句话，朋友们。

我最近去商店买牛奶，这样我就可以为孩子做华夫饼了。我开车去了商店，买了一堆东西，然后回家——没有买牛奶。当回到家看到柜台上的华夫饼干机时，我才意识到忘了买牛奶。下一次，除非我想带着提示（华夫饼干机）去商店，否则我应该列一个清单。我只要记住带上清单就行了。

仅仅创建待办事项清单是不够的，你还得检查一下。对外科医生来说，这是解决方案的一部分，因为他们也是人，也有不可靠的前瞻记忆，在缝合患者之前，他们可能会忘记将手术器械从患者体内取出。现在有了检查清单，只要加以注意，他们就能知道手术中每一件设备的下落。同样，飞行员也不会依靠他们变化无常的前瞻记忆来记住在飞机着陆前放下轮子。谢天谢地，他们使用检查清单。

**将这些信息录入你的日历。**前瞻记忆的保持间隔也会给我们带来挑战。如果你必须记得下周带一张支票去上你女儿的舞蹈课，那么在接下来的 7 天里，在你的意识中保持这种意图是不切实际的，也是不可能的。

所以，就像创建待办事项清单一样，你需要把你大脑中的日历记录下来。不要依靠你那不可靠的前瞻记忆来记住明天下午 4 点你要参加一个会议。它可能会忘记，给你带来麻烦。你要养成一个习惯，把你将来需要做的任何事情都录入你的日历，然后养成每天多次查看日历的习惯。或者，如果你使用智能手机或计算机，设置闹钟或提醒信息，提醒你现在查看日历。

"砰！"现在是 3:50。4 点你有个会议。快出发！

**计划要具体。** 在你的手指上系一根白色的绳子只会告诉你，你需要记住做一些事情。除非你系上更多绳子，否则这个提示太不具体，无法可靠地引导你找到你正在搜索的记忆。

不要告诉你的前瞻记忆："我今天晚些时候想锻炼。"你还没有建立任何特定的提示来激活这个意图。什么样的运动？你需要在哪里做这件事？你没有给自己一个特定的时间尝试记住或录入你的日历。面对现实吧，你不会记住今天要锻炼。

相反，你应该告诉自己："我中午要去练瑜伽。"现在，你有了心理学家所说的实施意图，把你的瑜伽垫放在前门旁边。这是你的可见提示。在你的日历上写入"中午瑜伽"这一项，并设置一个 11:45 的提醒，因为你知道需要 10 分钟才能开车到达那里。

合十礼（Namaste）。[①]

**使用药盒。** 忘记服药是最常见的、最容易失败的前瞻记忆之一。幸运的是，它可以通过使用简单的药盒和提醒来克服。药盒将药物按照每周的每一天分成不同的部分（如果需要，甚至每天几次）。设置日历提醒或使用药物提醒应用程序作为提

---

① Namaste 是印度人常用的打招呼用语。常见于瑜伽课结束时的合十礼，老师和同学也会双手合十，互道一声："Namaste！"——译者注

示，让你注意到药盒。这一策略也有助于解决"我今天已经吃过药了吗？"这种问题。你可以去药盒看看星期二的部分是不是空的。一举两得。但是等等，今天到底是星期几呢？

**将提示放置在不可能错过的位置。** 假设我买了一瓶酒，准备明天晚上带去参加一个朋友的晚宴。酒瓶在我厨房柜台的一个棕色纸袋里。除非我在待办事项清单上加上"带酒"，或者在明晚的日历上加上"带酒"，除非我在离家前碰巧注意到柜台上那个棕色袋子里的酒瓶，否则我很有可能会空手出现在朋友家。

我的男朋友为了防止这种前瞻记忆的失败，他会把任何需要和我们一起带走的东西都放在大门口。需要带一瓶酒去参加聚会？他把它放在门前的地板上。别忘了带音乐会的票，在门口的地板上。我需要记住寄这封信，在门口的地板上。为了离开这个屋子且不被绊倒，我们不得不带上那些要记住的东西。

你不一定要放在门口，但这确实是一个合理的办法。确保你的提示处于正确的地方，确保你能及时注意到它们，以便你做你想做的事。如果需要在晚上睡觉前吃药，你就把药盒放在牙刷旁边，而不是藏在你看不见的柜子里。

**注意你的日常工作是否被打乱了。** 我们很多人都会用日常生活中的某些部分作为前瞻记忆的提示。准备上床睡觉会提示你刷牙。将每天服用的药物与咖啡和早餐放在一起，所以一个百吉饼和一个深度烘焙面包是让你服用心脏病药物的提示。

但是要注意，你的日常生活可能偏离正轨或暂时被打乱了，因为你所依赖的提示已经改变或消失了。如果今天因迟到而不吃早餐，你会忘记服用你的心脏病药物吗？无论何时，只要你的一天脱离了原有轨道，你就要花点儿时间寻找任何可能与变动或未发生的活动相关的前瞻记忆待办任务。

下次乘坐出租车或使用优步的时候，你在下车之前要想一想："我是不是把大提琴忘在后备厢里了？"

# 10

## 一切终将过去

　　从醒来的那一刻起，你就要列出今天应该做的一切。认真做一分钟这个练习（如果你在早上 8 点读到这段文字，今天还没有做太多事情，那就列出你昨天做的所有事情）。回忆一下所有的感官体验，你做了什么，和谁在一起，天气如何，你的穿着，吃了什么，喝了什么，你在哪里，你学到了什么，感觉如何。从今天开始记住你能记住的一切。

　　现在对一周前、一个月前、去年的这一天做同样的练习。虽然你可能记得今天甚至昨天的很多事情，但当回顾过去时，你记得的可能会越来越少。如果你像我一样，你就应该盯着一张白纸回忆去年的今天。

　　所有这些经历和信息的记忆发生了什么变化？

　　时间。时间变了。

你创造和储存记忆的头号天敌是时间。仅仅关注一种体验，从中提取一些感官信息和情感，将它们结合在一起形成一段单独的记忆，然后通过改变最初被该体验激活的神经元之间的突触连接来存储该记忆是不够的。如果你不重温那段记忆，如果它只是像一个落满灰尘的旧奖杯那样躺在你大脑皮质的架子上，那段记忆就会随着时间的流逝而消失。

但它会褪色成黑色吗？随着时间的推移，如果一段记忆没有被激活，最终它会被抹去还是会一直留下痕迹？如果给大脑提供正确的提示，去年这一天看似丢失的细节还能重现吗？如果把去年这一天的细节呈现给你，你能认出来吗？还是那段记忆完全衰退了，它在你的大脑中不复存在了？那些突触连接——记忆——真的消失了吗？

1885 年，一个叫赫尔曼·艾宾浩斯的人首次提出并科学地回答了这些问题。为了弄清楚我们遗忘所学知识的速度有多快，他创造了 2 300 个毫无意义的单音节"单词"，比如：

wid    zof    laj    nud    kep

它们都是辅音—元音—辅音的形式，所以可以发音，但这些"词"毫无意义，所以无法形成任何明显的联想。他记住了这些"单词"的列表，然后在短时间（立即，几分钟后，一个小时后）和长时间（第二天，下周）的间隔后测试他记住这些单词的能力。

他的发现并不令人感到特别意外。学习和回忆之间的保持间隔越长，他忘记的就越多。他的重要结论是——记忆是短暂的。记忆会随着时间的推移而消逝。

在这个案例中，他发现遗忘一开始发生得相当快。仅仅过了 20 分钟，他就忘记了几乎一半的"单词"。但 24 小时后，遗忘率稳定在 25% 左右。这是随着时间的推移，大部分自生自灭的记忆所发生的一种变化，也被称为艾宾浩斯遗忘曲线。如果没有刻意尝试或有针对性地记住你学到的东西，你几乎马上就会忘记你所经历的大部分事情。记忆会急剧、剧烈和迅速衰退，然后趋于平稳。在最初的数据被转储之后，你只能记得零星的一小部分。

假设你在高中学了一门语言，但从那以后你再也没有说过。由于你没有继续使用它，在接下来的一年里你忘记了大部分学过的东西，但随后遗忘趋于平稳。在你的记忆中，这种语言的残余部分可以在接下来的 50 年里保持稳定。我在高中学了 3 年拉丁语。除了一两张装裱好的文凭，我从 16 岁起就没再看过这门语言了。几十年过去了，我仍然知道如何根据记忆列举"to be"的词形变化——sum、es、est、sumus、estis、sunt。但其他的我不太记得了。如果没有使用、重复或意义，我们的大部分记忆很快就会消失。随着时间的推移保留下来的记忆，似乎是永久存储的。

因此，根据艾宾浩斯和他的遗忘曲线，尽管我们编码到记忆中的信息会随着时间的流逝而迅速退化，但它并没有完全消失。艾宾浩斯也支持记忆不会被时间完全抹杀的观点，他是第一个证明记忆存储的人。比如，最初他尝试了 10 次才准确记住一系列毫无意义的"单词"。然后他等了又等，直到最后，他忘记了整个列表。当后来重新学习同样的列表时，他只尝试了 5 次就记住了，没有任何错误。因此，即使最终无法有意识地从列表中回忆起一个"单词"，实际上这个列表也没有被他完全忘记。他的大脑并没有回到最初学习"单词"之前的状态。这些"单词"的记忆痕迹仍然存在，这使得激活和重新学习列表变得更加容易了。

但也有证据表明，记忆可以从生理上被抹去。最近的研究表明，如果代表记忆的突触集合没有随着时间的推移被激活，这些连接将被物理地修剪掉。如果休眠时间过长，神经元就会收回它们与其他神经元在解剖学、电化学上的连接。这些连接以及这些连接中包含的记忆将不复存在。

这两种情况我们都经历过。我在七年级和八年级时学过意大利语，从那以后，我再也没有学习或说过意大利语。如果你让我用意大利语说一周中的几天，我的大脑会一片空白，我会声称并相信我已经完全忘记了。但如果你当时背诵了 lunedì（意大利语，星期一）、martedì（星期二）……这可能足以促使我脱口说出 Mercoledì（星期三）、Giovedì（星期四）、Venerdì（星期五）、Sabato（星期六）、Domenica（星期日）。哇！它们是从哪儿冒出来的？意大利语一周中的那些日子仍然作为记忆存在于我的大脑，而我完全没意识到它的存在！

当然，也有可能无论别人给你多少提示，你都记不起曾经明确知道的东西。最近，一位朋友提到了伯罗奔尼撒战争。我知道我在高中的历史课上学过这场战争，可能是为了考试而死记硬背，并记住了足够长的时间，以便在考试当天回答出来。但是后来，因为根本不关心这场战争，根据艾宾浩斯的无意义信息遗忘曲线，我很快就忘记了大部分我记住的内容。因为我成了一名神经学家，而不是历史学家，我再也没有重温我所学到的关于伯罗奔尼撒战争的知识，所以在那次考试后，无论这段记忆如何顽强地坚持着，都随着时间的推移从生理上被删除了。无论我的朋友分享了多少关于这场战争的细节，我都没能想起什么。我认为，那些神经连接已经被修剪掉了。

一段记忆是否会随着时间的推移部分或完全消失，取决于你如何处理储存在你大脑中的信息。抵抗时间对记忆的影响主要有两种方法：重复和意义。

如果你想保留已经储存在大脑中的信息，那就继续激活它。一遍又一遍地温习这些信息。回忆，排练，重复。通过重复到过度学习的程度，你可以显著减少因时间的流逝而丢失的记忆量。换句话说，学习，直到你自测达到100分，然后继续学习。排练过去精通的内容。直到今天，我还能凭记忆准确无误地背诵莎士比亚《麦克白》中"明天、明天、又明天"的独白，因为我在高二时学得太多了。

你有没有过这样的经历，坐在车里，收音机里正在播放一首你20年没听过的歌，但你马上就知道了所有的歌词？你开始跟着唱，一字不落。这可能是因为，20年前，当这首歌流行的时候，你每天都会听到和哼唱很多次。广播电台过度播放了它，所以你过度学习了它。当谈到保存记忆时，重复是与时间战斗的强大战士。

但也许你想忘记一些事。假设你的配偶背叛了你，你们离婚了。想要忘记那些肮脏的细节和心痛的感觉吗？停止重复所发生的故事。不要再和你的朋友以及在脑海里复述细节了。不要过度学习这些经验。如果你能找到远离这些记忆的方法，它们就会随着时间的流逝而消失。虽然你永远记得你的前任欺骗了你，但如果你不去管它，这段记忆中的情感因素就会随着时间的流逝而消退。正是因为记忆的侵蚀，时间治愈了一切创伤。

保护记忆不受时间影响的另一个主要方法是添加意义。如果我让你记住 3 个毫无意义的单词——grudelon、micadeltere、fidiklud，你可能很快就会忘记。相反，如果我让你记住这些单词——尤克里里、麦克风、彩虹，你会毫不费力地记住。因为这些词是有意义的，你的大脑可以把它们组织成一个有意义的故事。

这位女士一边弹着**尤克里里**，一边对着**麦克风**唱着《**彩虹之上**》。

大脑喜欢意义。如果你把你想要记住的东西写成一个故事，与你已经知道和关心的东西联系起来，或者把它放在你生活叙述中的一个特殊时刻，这段记忆就会变得不容易忘记。如果一段记忆对你来说很有意义，你就更有可能去思考、分享、使用、回忆它，有意义的记忆经常被重复，从而变得更加强烈。记住，艾宾浩斯的测试单词是无意义的。如果我们想要保留的信息是有意义的，那么他的遗忘曲线就会呈现完全不同的形状。

想想最近看过的一部你不喜欢的电影。对我来说，那就是《爱乐之城》。关于那部电影你还记得多少细节？"由艾玛·斯通和瑞恩·高斯林主演。"情节是什么？"我真的不记得是什么内容了。我只知道他们又唱又跳。"还记得和谁一起看的吗？"不记得了。"看电影的时候有没有吃爆米花或零食？"我不记得了。"那天是星期几？"不知道。"你是在飞机上，还是在当地的电影院，还是在家里看的？"我不是在飞机上就是在家里。"你能一字不差地记住任何对话吗？"绝对不行。"

为什么我不记得那部电影或者去年的今天？它们可能没有包含足够的意义让我留恋。去年的这一天可能是例行公事的一天：星巴克、写作、午餐、办事、课后活动、晚餐、反复告诉我的孩子该去刷牙和睡觉了——太平凡了，和其他几百天没有差别。除非那顿早餐、那串单词、那段对话、书中的那一章、那杯星巴克印度拉茶拿铁或是那部电影特别有意义（因此有足够的意义被重温、分享、重复、重读，甚至过度学习），否则时间会将这些记忆完全消融，或者将它们淡化成模糊的碎片，抛至遗忘曲线的底部。《爱乐之城》对我来说没有意义，所以一年后，我几乎什么都想不起来了。

现在，回想一部你喜欢的电影，然后问自己同样的问题。注意你的答案在数量和质量上的差异。

我去年在波士顿公共电影院和乔、萨拉一起看了《一个明星的诞生》。萨拉和我吃了爆米花。我们是走着去电影院的。那是10月。萨拉坐在我的左边，乔坐在我的右边，我们都坐在中间靠右，离前面大约十几排。我喜欢这部电影。这种情绪影响持续了几个星期。萨拉和我就这件事来回发短信，关于无条件的爱、上瘾和脆弱。我在声田上跟着原声带中的歌曲一起哼唱，还收听了奥普拉和布莱德利·库珀关于这部电影的播客访谈。与《爱乐之城》不同的是，随着时间的流逝，我对《一个明星的诞生》仍旧难以忘怀，因为这部电影对我来说很有意义。

等你过完今天，你可以想想哪些经历或信息有足够的意义能经受住时间的考验。明天、下周、明年、20年后，你还会记得今天学到的东西或发生的事情吗？又或者，今天会迅速消失，落到艾宾浩斯遗忘曲线的最底部？你生命中有多少天会被完全抹去？

# 11
## 不如遗忘

　　索罗门·舍雷舍夫斯基有着非凡的记忆力，在神经科学和心理学教科书中被称为"S.，无法遗忘的人"。苏联心理学家亚历山大·鲁利亚在 30 年里反复测试了索罗门的记忆能力。索罗门可以记住大量冗长的数字或无意义的信息，几页他不会说的外语诗歌，以及他不理解的复杂科学公式。更令人震惊的是，当鲁利亚多年后再次测试他时，他能按顺序准确无误地回忆起这些清单。

　　听起来像是一种惊人的超能力，是吗？但是，索罗门这项能够记住大量信息的非凡能力是有代价的。过多且经常不相关的信息给他带来了沉重的负担，他很难过滤、分清轻重缓急和忘记他不想要或不需要的信息。他无法遗忘的能力有时是日常生活中的一个严重障碍。

我们倾向于贬低遗忘。我们让"遗忘"在史诗般的战斗中扮演坏人，对抗大家最喜爱的英雄"回忆"。但遗忘并不总是令人遗憾的衰老迹象、痴呆的病理症状、可耻的失败、要解决的适应不良问题，甚至也不是偶然的。记住昨天和今天发生的细节并不总是有益的。有时候，我们想忘记我们所知道的。

遗忘实际上非常重要，它帮助我们每天以各种方式发挥作用。对我们来说，摆脱任何不必要的、无关的、干扰的，甚至是痛苦的记忆都是有利的，这些记忆可能会分散我们的注意力，导致我们犯错误，或者让我们感到痛苦。有时，忘记一件事是必要的，这样我们才能注意并记住另一件事。遗忘实际上可以促使人们更好地记忆。

我们也倾向于认为，遗忘是大脑的默认设置。除非你积极地做一些事情来记住某些信息，否则你的大脑会自动忘记它们。遗忘非常容易。如果你过了 50 岁，那就太容易了，甚至不用去尝试就忘记了。我们忘记了那位女士刚才说的话，因为我们没有给予足够的关注。我们忘了去取干洗的衣服，因为我们没有创造出足够强的相关提示。我们无法回忆起高二时学到的关于工业革命的知识，因为已经过去了太久，而且我们也没有进行周期性的回顾。在遗忘面前我们是无力被动的受害者。它常常发生在我们身上。但遗忘也可以非常巧妙：它可以是主动的、故意的、有动机的、有针对性的和令人向往的。

例如，当举行签名售书或巡回演讲时，我经常都是在旅途中，每天晚上都可能在不同的城市。能够不假思索地说出我住过的最后4家酒店的房间号可能是一项令人印象深刻的成就，但实际上，当我站在下一家酒店的电梯里时，我发现忘记昨晚的房间号对我来说更好。当我踏进电梯时，如果过去4个晚上住过的每个房间号都进入我的意识，我可能会感到困惑，不知道该按哪个按钮。我想在我退房的时候忘记每家酒店的房间号。一个智能的记忆系统不仅能记住信息，还能主动忘记不再有用的东西。

我有两个年幼的孩子和一个上大学的女儿，她总是喜欢邀请其他几个身高差不多、没完没了地吃零食的朋友来家里，因此我每周都要去商店很多次。每次推着一辆装满袋装食品的手推车走出商店时，我都要想一想："我把车停在哪儿了？"如果在这个时候，我提取到上个月、上周和昨天停车的记忆，我的大脑中就会有太多不相关的信息，我将无所适从。我只想找到今天停车的地方。所以，清空以前的记忆空间是个好主意。同样，在我回到车里后，我想忘记我今天的停车位，这样我就不会把今天停车位的记忆和明天要停在哪里弄混了。

忘记这种日常细节并不是我们需要解决或担心的问题。想象一下，你在白板上潦草地写下一张日常任务清单——洗澡、穿衣、喝咖啡、吃早餐、通勤、停车等。每天结束时，白板上都挤满了观点、信息和感受。忘记白板上那些平凡且无关紧要的琐事，会为新的一天创造空间，从而有助于你记住和回忆下一天要记住的内容。

但这并不总是很容易就能做到的。我们倾向于认为，记忆是一种挑战，但遗忘也不容易。大约一个月前，我更改了网飞账户的密码，在接下来的几周里，当光标提示时，我的手指不停地输入旧密码。我对旧密码的肌肉记忆持续存在，干扰了对新密码的记忆——以及对我手指的新肌肉记忆的形成。我需要忘记旧密码并用新密码替换它。

如果我能把旧密码的记忆扔在一边，时间最终会削弱它，让它消失。但问题是，我不能丢下它不管。每当无意中输入旧密码时，我都会激活并加强对旧密码的记忆。

虽然我们经历的大多数遗忘往往都是偶然和被动的——由于生物连接的自然衰退或缺乏定期提取，但是在记忆过程的每个阶段，我们都有一些方法可以主动忘记我们不想保留的东西。如前所述，创造记忆的第一步是对经历或信息进行编码。你必须同时感知和注意才能创造记忆。因此，故意遗忘的一种方式就是从一开始就不注意。把目光移开，不听，转移注意力。这样信息就不会被编码。这就是"用手指塞住耳朵，啦啦啦，我听不到你说话"的故意遗忘法。有动机的注意力转移是确保经验或信息不会被保留的有效方法。

但假设你注意到了，信息进入了你的大脑。然后，你可以有意识或无意识地丢弃信息，并在巩固的过程中有选择地忘记。例如，我们倾向于限制巩固关于自己的负面信息，因此这些信息永远不会被长期储存。我们把不讨人喜欢的东西挑出来，然后忘掉。

在一项关于积极偏见的研究中，心理学家对受试者进行了一次虚假的性格测试。测试被"打分"，每个受试者都得到同样的假结果——一份描述受试者 32 种性格特征的清单，有些是积极的，有些则不那么积极。之后，受试者被要求尽可能多地回忆这些特征。

他们记得什么？他们能回忆起的积极特质比消极特质多得多，除非他们被告知这些特质是关于别人的。在这种情况下，他们记住了相同数量的积极和消极特征。我们对自己的看法有一种积极的偏见。我们倾向于有选择地巩固，然后记住自己的优点，积极地排除并忘记缺点。

现在，如果想忘记一段已经被巩固并长期存储的记忆，那么你该怎么办？在这种情况下，你需要避免接触能触发其被提取的提示和情景。不要去那里，不要去想记忆，不要谈论它，不要不经意地排练它。如果你发现自己开始哼唱那首烦人的广告歌，那就别唱了。别唱完这首歌，而是立即改变你的想法。不要激活这种不想要的记忆的神经回路，因为每次完全提取它时，你都会强化它。你越是不去管它，它就越会被削弱和遗忘。

当然，这个策略说起来容易做起来难，尤其是对那些经历过创伤的人来说。患有创伤后应激障碍（PTSD）的人不能停止提取、重新体验和重新巩固不想要的记忆，不幸的是，他们不知不觉地通过每一次不受欢迎的回忆加强了这些记忆。阻止激活哪怕是不想要的记忆的一部分——尤其是经历的情感方面，也可以让时间发挥其魔力，让记忆逐渐消失。但这似乎是不可能做到的。患有创伤后应激障碍的人无法停止回忆那次性侵犯，那次车祸，那一天的战斗。他们无法忘记。

另一种潜在的、可能更有前途的忘记创伤记忆的方法是，要求人们重温记忆，以期带来改变。记住，当我们重新访问发生的事情的记忆时，我们可以修改它，然后重新整合并存储为2.0版本，本质上这就是覆盖原始版本。这种记忆修正通常是在无意中发生的。

但是，如果我们能够巧妙地设计2.0版本，确保对已发生之事的更新记忆不再包含导致创伤的细节，那会怎么样？如果在训练有素的治疗师的指导下，我们可以通过在重新巩固的过程中忽略引发恐惧和焦虑的细节，从而格式化痛苦的记忆，那会怎么样？通过利用情景记忆的编辑倾向，也许痛苦的记忆可以被更友善、更温和、更中立的版本取代。

如果你不能避免接触提示、情景或重温一段记忆，用电影《冰雪奇缘》中艾莎的话说，"随它去吧"。告诉你的大脑，"忘记它，别留着这个。随它去吧"——你的大脑很可能会服从。自我指导可以起作用，它可以在新的记忆完全形成之前破坏其巩固过程，并且可以激活故意清除已形成记忆的神经信号程序。

可视化也可以帮助我们完成自我引导的遗忘。索罗门的大脑中存储着大量过载信息，他迫切地想要清除不想要的、多余的记忆。他想象着自己不愉快的记忆燃烧起来，信息在火焰和烟雾中燃烧，只剩下灰烬。这是一幅非常形象的画面，但不幸的是，对索罗门来说，记忆仍然顽固地铭刻在他的大脑中。

幸好他坚持下来了。他把想要忘记的记忆想象成用白色粉笔画在黑板上的毫无意义的图像。然后他想象着把图像擦掉，把黑板擦干净。这起作用了。通过想象和有计划的指导，人们可以从意识中移除记忆。索罗门，一个以能够记住一切而闻名的人，幸运的是他还能够遗忘。

将依赖性极强的肌肉记忆（如输入旧密码或错误的高尔夫挥杆动作的习惯）换成新的记忆需要不同的策略。因为肌肉记忆是在没有意识指令的情况下进行的，这些记忆的程序技能会对有意识的冷落请求置之不理。相反，我们用新密码替换旧密码，或者用更好的高尔夫挥杆动作替换旧的动作，就需要像学习早期版本一样。练习，练习，练习。一遍又一遍地输入新密码，直到你的手指自动选择 2.0 版本。继续挥动球杆，直到新的动作变成自动动作，重新书写如何挥杆的肌肉记忆。

动机性遗忘的调节因素是什么？我们尚未掌握。虽然阐释有意识遗忘的神经科学仍处于起步阶段，但最终了解大脑是如何主动遗忘的，可能会让我们更好地了解神经紊乱和精神疾病，如创伤后应激障碍、抑郁症、自闭症、精神分裂症和成瘾。在所有这些情况下，无法忘记与记忆相关的提示被证明是适应不良的。

因此，虽然我们都想拥有惊人的记忆力，但我们不能把所有的责任和功劳都归于记忆。一个功能最佳的记忆系统包括一种在数据存储和数据处理之间精细协调的平衡行为：记忆和遗忘。当以最佳方式执行时，记忆不会记住所有内容。它保留了有意义和有用的东西，抛弃了无用的东西。它保留信号并清除噪声。我们遗忘的能力可能和记忆的能力一样重要。

# 12
## 自然衰老

    遗忘在任何年龄都是人类记忆的正常组成部分。我们忘记是因为我们没有集中注意力，是因为我们没有正确的提示或情景，是因为发生的事情都是例行公事或无关紧要的，是因为我们从未练习过，是因为我们睡眠不足或压力过大，或者是因为时间过去太久了。但随着年龄的增长，遗忘也会变老。

    随着年龄的增长，你可能会注意到，你身体的外形和机能发生了一些不那么令人愉快的变化。你的头发可能会变白，眼角可能会出现鱼尾纹，眉毛之间似乎出现了一道沟。如果不戴眼镜，你就无法阅读衣物标签上的洗涤说明，而且你每年跑 5 公里的时间可能比上一年慢了整整 1 分钟。哦，是的，你的记忆力也不像以前那么强大了。这可能是委婉的说法。

    难以预料的迟缓、不可靠、反应迟钝，你的记忆就像一个糟糕的员工——经常迟到，对会议毫无准备，不接电话，经常睡着了，趴在桌子上流口水。你的记忆过去不是这样的（或者你认为不是这样的）。它曾经很擅长自己的工作。但最近，情况就不那么乐观了。

你常常抱怨，你的记忆经常找不到你正在搜寻的词语。它有可能是舌尖现象，也有可能不是。你在一群满怀期待的观众面前等待着，当谈话停止时，你感到沮丧和尴尬，而你困窘的沉默还在继续。这种感觉就像大脑中的所有回路都停工了，如果想象一下大脑里正在发生什么，你所能想到的就是那个没完没了转圈的加载圆圈。

幸运的是，这个词最终还是突然出现在你的脑海中了。你还记得，这种如释重负是显而易见的。但你会留下一个挥之不去的压力源，一个感觉更大、更不祥的压力源。那个小故障是怎么回事？很可能这是一个正常的、不需要去看神经科医生的中年遗忘的例子。良性的老年健忘症，这是记忆系统老化的信号，而不是疾病病理的迹象。

我们先来看好消息。记忆能力不会随着年龄的增长而全面下降。例如，衰老不会降低肌肉记忆。即使到了 50 岁，你也知道如何骑自行车，除非有任何脑部疾病或损伤，你会始终知道如何穿衣，如何吃饭，如何使用手机，如何给你的孙辈发电子邮件，以及如何在你90岁的时候阅读这本书。肌肉记忆是长期稳定的。然而，你对你所知之事的执行可能不像以前那样了。你身体的肌肉可能会变得虚弱和迟钝，你的反应时间可能会变长，你不再像年轻时那样敏捷地观看和倾听。但是，你仍然知道如何去做你学过的事情——只要你衰老的身体还能胜任这项任务。

一般来说，老年人比年轻人拥有更大的语义记忆库（词汇和学习信息）。随着年龄的增长，我们积累了知识，谢天谢地，它不会像你脸上的胶原蛋白那样流失。年长的人比年轻的人懂的知识更多。随着年龄的增长，我们继续巩固和储存语义记忆。还记得日本退休工程师原口证吗？他凭记忆将圆周率背诵到小数点之后的111 700位。他做这件事时已经69岁了。健康的老化的大脑仍然能够保持惊人的记忆力。

但是，正如你可能预料的那样，许多记忆功能通常会随着年龄的增长而衰退。让我们回到普遍的遗忘上来——所有那些神秘失踪的单词。"哦，他叫什么名字？"正常的、与年龄相关的遗忘在舌尖现象的自由回忆中最为明显，并且舌尖现象发生的频率通常在40岁左右会上升。如果你没有最佳的（或是更糟的）提示，你不是被要求从一张照片中识别一张脸，或者从选项A、B、C中选择正确的单词，你只是要求你的大脑简单地回忆一些你知道你知道的东西，随着年龄的增长，这个记忆任务就会变得越来越难。

虽然我们的自由回忆能力可能会随着年龄的增长而直线下降，但令人欣慰的是，识别和熟悉度是稳定的。我不记得主演《黑道家族》的演员的名字，但如果你给我答案，即使是几十年后我也会毫不费力地认出他的名字。完整的识别还表明，这种语义信息仍然安全地储存在我的大脑中，并没有随着年龄的增长而消失。那个失踪的舌尖现象仍然在我的脑子里。但随着年龄的增长，按需提取确实变得越来越困难了。

随着年龄的增长，情景记忆的回忆通常也会减少，所以我们会忘记更多发生过的事情，但我们能回忆起的事情和年轻人一样准确（和不准确）。你可能还记得关于前瞻记忆的那一章，不同年龄的人在记住自己以后打算做什么这件事上并不尽如人意，而在50岁之后，这种不那么出色的表现只会变得更糟。写下你以后需要记住的东西，对任何年龄的人来说都不是软弱的表现，也不是羞耻的理由。这是明智的做法。

随着年龄的增长，我们的工作记忆会明显下降，无论是在听觉回路还是在视觉空间存储器中。现在的我可以不假思索地说出一个电话号码或 Wi-Fi 密码，对你来说，60 岁时的工作记忆会比 40 岁时更难记住这些信息。随着年龄的增长，你现在记得的信息会更快消失。

大脑处理信息的速度通常在30多岁时开始下降，这意味着学习新信息、提取存储信息需要更长的时间。随着年龄的增长，你保持注意力的能力也会下降。所以，当50岁的时候，你比30岁的时候更难以阻挡分心的刺激，因为你需要集中注意力来创造新的记忆，你的记忆能力已经受损。

提取在这里也受到了影响。在我祖母出现阿尔茨海默病症状的几十年前，她经常叫我安妮、劳蕾尔或玛丽。她有5个女儿，4个儿媳，还有许多孙女。随着年龄的增长，当试图找回我的名字时，她越来越不能忽略这些相关的又令人分心的名字。

年龄的增长也让你变得越来越不能同时处理多件事情。因此，如果两件事同时发生，你不太可能记住其中任何一件，更不可能同时记住两件。此外，你会更难记住以前不相关的信息之间的新关联。所以，你可以像年轻人一样记住猴子—香蕉，但你不太可能记住猴子—飞机。

逐渐增长的年龄让我们的回忆开始戴上玫瑰色的眼镜，我们越来越倾向于回忆好的东西，忘记不好的东西。例如，向年轻人和老年人展示一系列情绪积极、中性或消极的图片，然后测试他们对这些图片的回忆。正如我们所预料的，老年人记住的图片总体上比年轻人少。年轻人对情绪化照片的记忆要好于中性照片，对正面和负面照片的记忆同样好。但老年人回忆起的正面照片是负面照片的两倍，而回忆起的负面照片与中性照片大致相同。当向老年人展示之前被遗忘的负面情绪照片时，他们很容易就能认出所有这些照片。所以，这些照片进入了他们的记忆，但当要求回忆他们所看到的东西时，这些负面情绪的照片是无法被有意识地提取的。

当然，我们一定可以做些什么来对抗衰老对记忆正常但腐蚀性的影响。记忆产生、提取和处理速度的下降并不是不可避免的，不是吗？你可能不喜欢这样，但答案最终是肯定的。如果你每天都吃甜甜圈，只有在有人追你的时候才去跑步，经常牺牲睡眠时间在网飞上一口气看完整季的最新剧集直到凌晨3点，而且长期处于压力之下，那么你的记忆肯定会加速老化。或者，如果吃地中海饮食或超体饮食（地中海饮食和得舒饮食的结合，我将在后面进行讨论），定期锻炼，每天冥想，每晚睡8个小时，你就绝对能在短期内提高你的记忆力。你也可以延长你年轻记忆的寿命。这些健康的生活方式也可以预防痴呆症。但生活方式不能永远把记忆之水从大脑这艘破旧漏水的船上舀出去。

用皮肤做个类比。如果你每天不涂防晒霜就在烈日下曝晒，你的皮肤会比你戴着帽子、涂着防晒霜、大部分时间待在室内的时候衰老得更快。但最终，无论做什么，如果你活得足够长，你的皮肤就像你的记忆一样，都会老化。正如我们中的一些人比其他人更多或更少地出现皱纹和松弛一样，你的记忆力受年龄影响的程度也与你身边的同龄人不同。一些 70 岁的人比其他 70 岁的人有更敏锐、更敏感的记忆力。但是，在大多数情况下，他们的记忆表现可能比他们 30 岁时更慢、更弱。

把"用进废退"的格言应用到你衰老的大脑上会怎么样？在自然衰老的情况下，保持思维活跃就能保持记忆力吗？虽然保持认知活跃是我们对抗阿尔茨海默病的工具之一，但没有令人信服的数据支持这样做可以防止或减缓因衰老而发生的任何正常的记忆变化。

对国际象棋高手、教授、飞行员和医生——那些继续"用进"的人的研究显示，他们的记忆力和整体记忆表现都随着年龄的增长而下降了，即使在他们的专业领域也是如此。建筑师和非建筑师的折纸准确率每 10 年下降 4%，即使建筑师在工作中经常使用他们的空间记忆技能。

许多人希望通过玩所谓的益智游戏来保持良好的记忆力，但花在这些游戏上的表现和时间并不能转化成广义的心理健康。你会越来越擅长做那些特定的认知练习，但你仍然会被扮演托尼·瑟普拉诺的演员的名字难住。玩记忆游戏并不能让你免受正常老化导致的记忆故障的影响。花更多时间做填字游戏，并不会减少与年龄相关的记忆功能下降的可能性。

但是这里有个好消息。衰老总会发生，是人类不可分割的一部分，只要活着，你就无法避免衰老。虽然许多记忆功能会随着年龄的增长而自然减弱，但你的整体感受并不一定是记忆衰退。运用你在书中读到的策略和见解——集中注意力、减少干扰、排练、自我测试、创造意义、使用视觉和空间意象、写日记——都会提高任何年龄段的人的记忆力。在你70岁的时候，这些方法对你的记忆表现的影响可能没有30岁时那么大，但它们仍然有效。如果原口证在29岁时尝试，他可能会记住圆周率小数点之后的20万位，但他69岁时的记忆通过重复、专注、视觉图像和故事来回忆的东西仍然令人印象深刻。这些工具也适用于你的记忆，无论你处于什么年龄段。你需要做的就是使用它们。

# 13

## 阿尔茨海默病

"两周前，我在结婚34年的妻子身边醒来，我花了10分钟才弄明白她是谁。我知道她是我非常重要的人，但我无法将这些线索联系起来。"这只是我的朋友格雷格·奥布莱恩与我分享的无数次毁灭性的记忆失败中的一次。作为一名广受赞誉的记者，格雷格几年前在一封电子邮件中向我介绍了他自己。就在我认为这似乎是一张用来博取我关注的纸条的时候，我看到这样一段话：

不要被这封电子邮件的表达方式打动。写这封邮件我花了大约两小时。几年前，在5分钟或更短的时间内我就能写完。但现在花这个时间是值得的。

两年前，59岁的格雷格被诊断出患有早发性阿尔茨海默病。经常有人问我，正常衰老导致的遗忘和阿尔茨海默病导致的遗忘是否有明显区别。答案是：肯定有。

格雷格的第一封电子邮件开始了我一生中最伟大的友谊之一。多年来，这种疾病不断窃取他的记忆，我们几乎无所不谈——好的、坏的、丑陋的和真正可怕的。有一次，隆冬时节，他穿着湿透的衣服在一家咖啡店和我见面。我拥抱了他，双手感觉到他衬衫上的冰冷潮湿，问道："这是怎么回事？"当他去烘干机里拿衣服时，衣服还是湿的。格雷格不记得如何操作这台机器，也不记得如何将他的思维转移到一个新的计划上，这个计划包括从他的衣柜里拿出干衣服，于是他穿上了湿衣服。

还有一次，我们一起参加签售会，他靠过来低声说："我不记得怎么写字母 Q 了。"我把它画在一张小纸片上，从桌子底下递给他，就像课堂上行为不端的孩子一样。

当年他还能开车的时候，我曾劝他放弃开车，他意外地看到路中间有一只小鹿，突然急转弯，他的吉普车翻了个底朝天。当他在车里头朝下，可能面临死亡的那一刻，他说他在想，"莉萨·吉诺瓦要杀了我"。

格雷格的大脑里发生了什么？阿尔茨海默病（通常被称为

痴呆，这是一个总称，还包括记忆语言和认知方面的缺陷）导致的记忆障碍并不是由于处理速度变慢或注意力下降。在初期，阿尔茨海默病导致的遗忘是神经突触发生分子战争的结果，这种分子战争与巩固和提取记忆有关，它使这些连接无法建立起来。在疾病的后期，遗忘是由于神经元本身的死亡和丧失。

尽管对阿尔茨海默病的分子病因仍有争议，但大多数神经科学家认为，当一种名为 β - 淀粉样蛋白的蛋白质开始在我们的突触中形成斑块时，这种疾病就开始了。在这一点上，许多年前，格雷格还幸福得一无所知，他没有出现任何异常遗忘的症状。我们认为，看似无害的淀粉样蛋白斑块积累需要 15到 20 年才能达到临界点，然后引发分子级联反应，导致缠结、神经炎症、细胞死亡和病理性遗忘。

我们可以把淀粉样蛋白斑块想象成一根被点燃的火柴。这根火柴本身不会造成问题，但一旦到达临界点，它就会点燃整片森林。你的大脑因阿尔茨海默病而燃烧，现在正在经历严重的失忆。

从好的方面看，我们的大脑需要很长时间才能患上阿尔茨海默病。但坏消息是，如果你超过 40 岁，你的大脑中很可能已经积聚了淀粉样蛋白斑块。在这些斑块累积到临界点之前，你的记忆缺失可能是这样的：

我为什么要进这个房间？

哦，他叫什么名字？

我把钥匙放哪儿了？

完全令人抓狂，但又十分正常。在临界点之后，记忆功能
的故障明显不同于正常的遗忘。过了临界点，格雷格经常忘记
几分钟前发生的事情，他或我刚才说的话，以及昨天发生的事
情。"我早上醒来，不记得做了什么。这种事经常发生。或者
我在咖啡店里写作，我认识的人过来打招呼，我们聊天。然后
一个小时后，那个人又过来了，我会说：'很高兴见到你。你
好吗？'这个人会说：'我们一小时前已经聊过了。'我不记得
那次谈话，甚至不记得见过那个人。"

阿尔茨海默病始于海马体，现在你已经知道海马体是形成
新的意识记忆所必需的大脑结构。这就是为什么阿尔茨海默病
的第一个症状通常是忘记今天早些时候甚至几分钟前发生的事
情，以及阿尔茨海默病患者会一遍又一遍地说着同样的故事或
问题。这种快速遗忘是不正常的。已经形成的旧记忆暂时是安
全的，但通常会被海马体巩固为持久记忆并可供以后提取的新

信息丢失了。患有阿尔茨海默病的人会忘记一小时前吃了什么午餐（甚至忘了吃过午餐），但仍然能够非常详细地告诉你一个60年前步行上学的故事。

但我们都有过这样的经历：忘记了配偶刚刚说过的话，在谈话中忘记了自己的思路，不记得5分钟前是否关掉了烤箱。这些日常失忆和阿尔茨海默病有什么不同？如果没有阿尔茨海默病，你就会注意你配偶说的话，你会记住他们说的话（真的，朋友们，尝试一下）。注意听我说话并不能让格雷格得到什么。当你患有阿尔茨海默病时，创造新的记忆是很困难的，而且只会越来越困难，因为你的海马体越来越少，无法完成这项工作。

记不住正确的词语是阿尔茨海默病的另一个早期症状。我知道这句话适用于所有人。我已经告诉过你，遇到"他叫什么名字？"这种问题是正常的，这个频率通常会随着年龄的增长而增加。但下一次，当无法说出扮演托尼·瑟普拉诺的演员时，你怎么知道你是在经历普通的舌尖现象还是阿尔茨海默病？

25岁的人每周都会经历几次记忆提取失败的舌尖现象，而且这种频率确实会随着年龄的增长而增加，但69岁的格雷格每天都会经历几十次这种单词卡壳。没有任何线索，他的脑海中也不会出现第一个字母。就像不能说出名字一样，格雷格经常无法说出常用词，但他并没有在专有名词上磕磕绊绊。

在这个阶段，和阿尔茨海默病患者在一起，感觉就像是在玩一场令人沮丧的字谜游戏。

你收拾东西了吗？

什么东西？

那件东西。用来清洁牙齿的东西。

牙刷？

是的！

此外，阿尔茨海默病患者开始使用越来越简单的词语。用袋子替代手提箱或行李。用纸或东西替代文件。

这种卡壳并不是一种不舒服的、可以产生关联的不便，而是具有破坏性的、严重的记忆丧失。这是痴呆。例如，如果格雷格看到一个他认识了大半辈子的人，而他并不希望看到这个人，现在 70% 的情况下，他想不出这个人的名字，他的大脑一片空白。

我告诉别人我有记忆问题。这个人通常会回答，"没关系，格雷格",然后告诉我他的名字,往往还会拥抱我。也许这是对痴呆症友好态度的开始。我想这个拥抱并不是对我的同情,而是他们意识到有一天他们也会面临同样的情况。

在患上阿尔茨海默病之前,当格雷格试图回忆起一个卡壳的名字或单词时,他会做我们大多数人都会做的事情——搜索大脑。把字母表中的字母都想一遍。在神经回路中跋涉,试图找到甚至偶然发现与这个词相连的神经回路。"再坚持一下,我知道它在里面。如果我能激活正确的神经元。"在患上阿尔茨海默病之后,格雷格知道这个词不会自己浮出水面,因为它被淹没在疾病的泥潭中。

所以,他绕过自己的大脑,转而去谷歌上搜索:

我一直随身带着笔记本电脑。我用谷歌玩字谜游戏——"听起来像",大致描述名称、事件或地点。所以,如果我想记住百老汇这个词,我会输入"纽约市娱乐场所",看看能查到什么。如果没有找到,我可能会加一句"新年前夕纽约的水晶球降落的地方",结果我会得到时代广场。然后我会输入"纽约时代广场"或"纽约市最佳戏剧"。

当然,我经常走到死胡同里,从来没有找到我要找的东西。如果迷路或分心了，我会一遍又一遍地按下返回按钮。有时候，我能通过这种方式找到我想要的东西。有时候，它就是消失了。

不幸的是，阿尔茨海默病并不只是停留在海马体中。它会在大脑中进行一次凶残的公路之旅，侵入大脑的其他区域。当它扩散到处理空间信息的顶叶时，阿尔茨海默病患者开始在熟悉的地方迷路。如果读过《我想念我自己》这本书，你就会知道，当爱丽丝发现自己突然迷失在哈佛广场时（25年来，她一直把这里当成她的家），她空间记忆的提取受到了阿尔茨海默病的干扰。（影片将故事搬到了纽约市，爱丽丝在哥伦比亚大学校园里迷失了方向。）

阿尔茨海默病还会损害前额叶和额叶皮质的神经回路，这是大脑中最新发育的部分。由于这些区域受到影响，个人在逻辑思维、决策、计划和解决问题方面会出现障碍。当格雷格无法改变他的思路，无法制订一个穿干衣服而不是穿烘干机里的湿衣服的计划时，他的额叶皮质患上了阿尔茨海默病。

我们也会开始看到由于注意力不集中而导致的记忆障碍，所以，阿尔茨海默病患者开始把他们的钥匙、钱包、手机、眼镜、笔记本电脑和钱放错地方。我们都经常经历"我的××

在哪里?"的时刻。我们如何知道,这些是正常的还是阿尔茨海默病的早期症状?

如果你最终发现,你的钥匙在前门的桌子上或在你外套的口袋里,这可能是正常的。虽然令人沮丧,但没什么可担心的。这只是因为你没有注意你把它们放在哪里了。你的淀粉样蛋白斑块水平仍低于临界点。

相反,如果你在冰箱里找到了钥匙,这就令人担心了。如果你找到钥匙,想一想,这些钥匙是干什么用的?这不是记忆自然老化的正常迹象。忘记钥匙的用途是一种语义记忆故障,这可能是你记忆系统中疾病病理的迹象。

早些时候,我分享了一个在停车场找不到汽车的故事。在匆忙停了车跑去一个会议上发言之前,我没有注意到把车停在了哪里。不到两个小时,我回到车库,却不记得把车停在哪里了。我在斜坡上来来回回地寻找,但都运气不佳。就在断定它一定是被偷了的时候,我偶然发现了它。但我丢失汽车背后的罪魁祸首根本不是记忆提取的失败,而是注意力的缺失。实际上,我并没有忘记任何东西。如果不把注意力放在停车位上,我一开始就记不住它的位置。

以格雷格的经历为例。当格雷格还在开车的时候,他开着他的黄色吉普车去垃圾场。他下了车,倒了垃圾,然后站在那里，他感到很为难，不知道该怎么回家。在一分钟的时间里，他忘记了他是开车来的。他的黄色吉普车实际上就在他面前，但这个最明显的提示既不能激活情景记忆（你刚刚开车去了垃圾场），也不能激活语义记忆（那里的黄色吉普车属于你）。

他开始尽最大努力解决问题，并思考自己的选择。"我可以打电话给康纳（他的儿子），我可以走路，我可以让这里的人载我一程。我四处寻找能送我回家的人，却不记得我是开车来的这里。我从未意识到我正站在自己的黄色吉普车前面。"

突然，不知何故，他找到了一条没有被疾病阻塞的神经通路，它触发了这些记忆的激活。"等等，那是我的吉普车。我是开车来的，我可以开车回家。光在大脑中停止闪烁，然后，谢天谢地，它又开始闪烁了。"一切只是暂时的。

阿尔茨海默病还会破坏杏仁核和边缘系统，这是大脑控制情绪和情感的区域。因此，悲伤、愤怒和欲望可能会变得失调和不受控制。你父亲一直很冷静，现在却容易暴跳如雷。格雷格经常遇到这种情况。我的祖母开始抚摸超市里每一个英俊的男人。

阿尔茨海默病还会侵入储存肌肉记忆的神经通路。当这种情况发生时，患者就会忘记如何去做他们学过的事情。格雷格忘了怎么写字母 Q。我的祖母忘了怎么管理她的支票簿，怎么打桥牌，怎么做饭。最终，阿尔茨海默病患者还会忘记如何穿衣服，如何上厕所，如何吃冰激凌，如何吞咽食物。

虽然阿尔茨海默病首先会干扰新记忆的形成，但它最终会以某种最悲惨的方式破坏储存我们最古老的记忆的神经连接网络。那时我的祖母已经不知道我是谁了。我害怕哪一天格雷格也不记得我了。在没有治愈方法的情况下，这一天终将到来。

从最初的遗忘症状发展到阿尔茨海默病晚期，平均需要 8 到 10 年。这种疾病最终会严重损害各种记忆的形成和提取。阿尔茨海默病导致的遗忘是普遍的、灾难性的、悲剧性的，并且是不正常的。

第三部分

# 改善抑或损伤

# 14
## 回到最初的环境

你是否记得或忘记某事，是受许多因素影响的。正如你已经学过的，注意力是创造记忆的关键。无论处于什么年龄段，集中注意力都是提高记忆力的首要方法，而缺乏注意力会损害记忆力。每一次都是如此。你也看到了，排练、自我测试、视觉和空间想象、记忆、惊喜、情感和意义都能提高记忆力。那么，还有什么能促进或阻碍记忆的形成和提取？通常，我们的记忆能力取决于环境。

没有眼镜，我就看不清菜单上的字、衣服标签上的洗涤说明、药瓶上的标签了。有一天晚上，我躺在床上，兴奋地读我正在读的书的下一章，我突然意识到我没有戴眼镜。"唉，我可能把眼镜落在厨房里了。"

我从床上爬起来，轻轻地走下楼梯，走进厨房，打开灯。

我环顾四周后大脑出现了空白。我不知道我来这个房间要干什么。

我的大脑开始玩侦探游戏。我知道我从床上爬起来，下楼到厨房去拿东西。可是拿什么东西呢？我扫视了一下房间——冰箱，烤面包机，碗里的香蕉，我挂在吧台托架上的夹克。什么都没想起来。我是来吃东西的吗？不。我需要水吗？不。我不记得了。

我很沮丧，回到卧室。砰！"我的眼镜！"我重新走下楼梯。好吧，至少我锻炼了身体。

忘记为什么走进房间，是我听到的最常见的记忆障碍问题之一，仅次于忘记名字以及把钥匙和电话放在哪里。我们都有过这样的经历：走进一个房间，却只能目瞪口呆地挠头。我来这里干什么？

为什么会发生这种情况？在我的经历中，就在我到达厨房的几秒钟前，我真的想到了"去厨房拿眼镜"。这个想法、这个记忆，怎么这么快就从我的脑海里消失了？为什么我的计划记忆在厨房里失败了，片刻之后在卧室里却成功了？为什么我在厨房里想了又想却一无所获，而在回到卧室时却可以毫不费力地立刻想起我想要的东西？

答案与环境有关。当回忆的环境与记忆形成时的环境相匹配时，记忆提取要更容易、更快，也更有可能被完全唤醒。对于前瞻记忆（你计划做什么）、情景记忆（发生了什么）、语义记忆（你知道的信息）和肌肉记忆（如何做事情）都是如此。

在刚才的例子中，我想要的记忆——去厨房拿我的眼镜——在我的卧室里被编码，周围是一个特定的环境，有各种颜色的提示——就寝时间，床头柜上的《未被驯服》（Untamed），书柜里的书。当我到达厨房时，那里没有任何东西能提示我。冰箱、烤面包机、碗里的香蕉、我的夹克，厨房里没有任何提示（除了我没有注意到的玻璃杯）来触发我所需要的记忆。更重要的是，这些提示实际上误导了我的搜寻，让我进入与早餐和反常寒冷天气相关的神经通路，这些神经回路不会导致我想起眼镜。厨房的环境实际上干扰了我的记忆，我不记得去那里是为了什么。一回到卧室，我就站在创造这个意图时所呈现的提示中，我可以毫不费力地立刻提取记忆。

如果学习和回忆发生在相同的条件下，我们就更有可能准确地记住一些信息。我最喜欢的一项关于情境或状态依赖记忆的研究涉及一群在苏格兰海岸内外的深海潜水员。他们中有一半的人在水下 20 英尺的地方学会了一系列意义不相关的单词，另一半在海滩上学习同样的列表。之后，每个人都被要求根据列表尽可能多地写下他们能记住的单词，并被要求在水下或海滩上回忆这些单词。以下是4个实验组：

在水下学习这张列表，在水下回忆这张列表

在水下学习这张列表，在海滩上回忆这张列表

在海滩上学习这张列表，在海滩上回忆这张列表

在海滩上学习这张列表，在水下回忆这张列表

结果是，当测试条件与学习条件匹配时，回忆效果明显更好。如果潜水员在水下学习单词，他们在水下记住的单词比在海滩上测试记住的要多。同样，如果潜水员在海滩上学习单词，他们在海滩上比在水下测试做得更好。将你所处的环境与你学习信息时所处的环境相匹配，可以提高记忆力。不匹配的条件会削弱回忆。

我们大多数人都不是深海潜水员，那就让我们想一个更相关的例子。你是否曾经回到你的小学，你童年的家，或者你童年的邻居家，你的意识突然被生命中那个时候生动而详细的记忆淹没了？假设你在佛蒙特州的一个农场长大，但现在你是一个55岁的公司职员，在曼哈顿一间位于30层的办公室里工作。如果让你告诉我一些你10岁时的记忆，你可能会觉得没什么可说的。脱离环境，这些记忆并不容易获得。但如果我们开车

去北方旅行，去你的家乡，你可能会有很多故事要分享。尖桩篱笆、垂柳、街道标志、戴利太太的房子、红色谷仓——这些环境会触发人们找回在那里巩固的被遗忘已久的记忆，这些记忆你可能在 30 年、40 年、50 年后都不会想到，它们依赖于环境。

但是，环境并不是简单地指你形成或回忆起一段记忆时所处的位置，它也可以指你和谁在一起，一天或一年中的时间或天气。它也不局限于你之外的东西，环境可以是内在的——你的心情、你的情绪或生理状态。

你通常更容易回忆起与你当时的心情相匹配的记忆。当心情好的时候，你更有可能记住美好的时光；而当感到沮丧的时候，你更能记住痛苦的时光（但这可能会加剧你的沮丧状态）。在和配偶生气时，你更有可能记住他所有不好的事情。这份清单触手可及，而且还很长。当你恋爱时，你的爱人在各方面都很完美。

当准备考试或准备演讲时，你是否饿了、热了、累了、紧张了或渴了？如果你的状态和你学习的时候一样，你就能更好地回忆起这些信息。同样，如果在喝咖啡的时候你学到了一些东西，那么在喝咖啡的时候回忆它们，你对所学东西的记忆效果就是最好的。

为什么会这样？你正在学习的电子表格并不是唯一会被整合进记忆的东西。当学习这些数字时，你所经历的一切都可能与记忆联系在一起。环境（包括外部的和内部的）成为记忆的一部分，激活记忆的任何一部分都可以触发对其他部分的提取。

假设你正在为词汇测试而学习。当学习时，你在听埃米纳姆的歌，闻着薰衣草香味的香蕉，吃着酸酸的小熊软糖。我们也可以说你很累，因为前一天晚上你熬夜到凌晨 2 点，一口气看了好几季的《老友记》，而不是学习你的词汇。也许你很焦虑，因为你想得 A，但你还是不认识单词。你会因为吃了太多酸酸的小熊软糖而感到恶心。那么你要想拿到 A，最好的办法就是，在参加考试的时候让自己感到疲倦、焦虑、恶心，涂上薰衣草香味的身体乳液，吃着小熊软糖，在脑海里哼着埃米纳姆的歌。你不应该在饱睡放松后，吃羽衣甘蓝脆片，听莫扎特的音乐去参加考试。

语言也能提供一种环境。假设你的祖母是意大利人，12 岁时移民美国。从那以后她一直说英语。如果你问她关于童年的记忆，她很可能会用意大利语回答你（或者她可能会用意大利语在脑海中提取这段记忆，然后翻译给你听）。

所以，下一次当走进一个房间却忘记了自己为什么要进去时，你不要害怕。这种短暂的大脑空白状态不是生存危机，也不是怀疑你患有阿尔茨海默病的理由。但也不要只是站在那里，试图强迫自己意识到答案。你的大脑不是这样工作的。回到你走进这个房间之前的房间——无论是字面上的还是你脑海中的，就是当有"去拿 x"的想法时你所在的位置。重新审视环境，它将优雅地为你提供答案。

如果你在准备考试的时候喝了摩卡星冰乐，那就在考试的时候喝一杯摩卡星冰乐。如果有一天我们会在签售会上见面，你可以感谢我给你的 A。

# 15

## 心力交瘁

　　除非你是禅修者，否则你可能会经常（如果不是每天）承受巨大的压力。一场病毒大流行、又一次大规模枪击事件、更多的政治分歧、失业、大学学费、天文数字般的医疗账单、工作的最后期限、交通、抚养孩子、离婚、生病的父母、孤独，还有对婚姻、工作、国家和地球的健康和寿命的不确定性。79% 的美国人表示，他们每天都会时常或经常感受到压力。

　　大量的科学证据表明，无休止的、无法控制的压力对你的身体和大脑有害。慢性应激会导致许多疾病的发生，如 2 型糖尿病、心脏病、癌症、感染、疼痛障碍、恐慌症、失眠、抑郁症和阿尔茨海默病。由于缺乏有效的工具来对抗持续不断的压力，太多的人成为成瘾和"绝望至死"的受害者。压力本身并不致命，但是过度暴露在压力之下，你会更容易被其他事情压垮。

那么你的记忆力呢？压力对记忆力是好还是坏？就像环境一样，这要分情况。

压力是任何感知到的危险、威胁或挑战。回到100万年前，压力主要来自外部。你注意到捕食者或敌人即将攻击你，你的大脑和身体立即激活了应激反应，你会做出应对。

但时代已经发生了巨大的变化。当阅读这本书时，你大概不会处于生死攸关的境地。你可能正坐在舒适的沙发上，也许你的腿上盖着一条柔软的毯子，没有任何外在的东西会威胁到你的健康。

但你脑子里的想法可能是一种危险的经历。因为我们可以回忆、想象、沉思和担忧，我们可能（在内心里）正在逃命。心理压力可能是缺乏确定性、控制力、可预测性、社会支持或归属感引起的。即使所感知或预期的压力源实际上从未发生，你也会通过简单的想象来体验你大脑和身体中的压力反应。当感受到压力时，你的想法就像一头饥饿的狮子或客厅里一个持枪的歹徒那样真实。

你的这种急性应激反应是"战斗或逃跑"，这是你的交感神经系统的反应。当杏仁核感觉到挑战或威胁时，它会立即向下丘脑发送警报。然后，下丘脑通过神经递质将接力棒传递给脑垂体，脑垂体将一种激素释放到血液中。然后，这种激素作用于位于肾脏顶部的肾上腺，告诉它们释放应激激素。

肾上腺释放的两种应激激素是肾上腺素和皮质醇。肾上腺素是一种快速、短暂的紧急警报，它会调动你的大脑和身体立即采取行动。它会增加你的心率、呼吸和血压，将血液和能量从细胞生长和消化等（如果你在5分钟内可能会被杀死，那么消化这顿饭是没有意义的）不重要的事情转移到你的四肢（逃跑！战斗！）。它还能增强你的感官和集中注意力的能力，同时抑制你的思考能力，这样你就可以马上做出反应，而不用花时间去权衡利弊。

皮质醇比肾上腺素慢一点儿。当肾上腺素在几秒内出现时，皮质醇在应激源出现后的15分钟到1小时内最活跃。它能调动葡萄糖（能量），这样你就能对压力做出身体反应。重要的是，皮质醇也切断了整个应激反应。

应激反应是一种临时的、快开快关的适应生存的生理状态。它调动大脑和身体对直接威胁或挑战做出反应。这对你来说没有坏处。恰恰相反，你每天都需要这种压力反应来正常工作。比如，在今天的工作中做陈述报告，当前面的车突然停下来时你会踩刹车，甚至在早上把自己从床上叫起来。

那么急性应激源是如何影响记忆的？简言之，它帮助你对你所处的压力环境形成新的记忆，但它削弱了你提取已有记忆的能力。让我们再深入一点儿，因为这里面有细微的差别。

急性应激通常会促进新记忆的形成。首先，短暂的突发压力会增加你的注意力，你已经知道集中注意力对记忆的形成至关重要。其次，除了调动你的身体和大脑立即采取行动，肾上腺素和皮质醇还会激活杏仁核中一种叫去甲肾上腺素的神经递质的释放。作为回应，你的杏仁核会向你的海马体发出信号，海马体本质上是在传达："嘿，现在正在发生的这件有压力的事情可能非常重要——巩固它！记住它！"皮质醇还可以直接作用于海马区的受体，促进记忆巩固。

所以，如果我们考虑的是一个单一的、暂时的压力事件，那么压力会促进记忆的形成。在受试者观看充满压力的图片之前给他们注射皮质醇，可以增强他们对这些图片的记忆。如果我切除你的肾上腺，与有肾上腺的人相比，你对在压力下发生的信息和事件的记忆力会非常差。

虽然暴露在急性应激下会增强新记忆的形成，但是它并不会提高你记住所有事情的能力。在战斗或逃跑的反应中，我们的感官和注意力会增强，但范围会缩小，因此，可用于巩固记忆的细节也会缩小。所以，我们对压力环境中的核心信息的记忆增强了，但对外围细节的记忆却变差了。例如，如果你目睹了一场持枪银行抢劫案（压力很大），那么你可能会记得关于枪的生动细节（压力的主要来源），但可能不会记得银行里有多少人或银行出纳员长什么样。

此外，虽然急性应激改善了对应激经历的核心细节的记忆的形成，但它并不能促进中性信息的记忆的形成。与注射生理盐水的对照组相比，注射肾上腺素并观看了中性图片的受试者在记忆形成方面并没有表现得更好。压力对与压力源无关的记忆的形成没有任何增强作用。假设你是一名大学生，正在为第二天早上的物理考试而在晚上学习。你有很多复杂的信息要了解，你有时间压力，你想得到一个 A。所有这些巨大的压力会帮助你巩固你正在努力学习的信息。但是，如果你的室友打断你的学习，分享她去冰岛旅行的故事，你升高的压力水平不会提高你对她讲的故事的记忆能力。她关于冰岛的故事与你物理考试的压力无关。

你所经历的急性应激的程度也很重要。如果我们要画出感知到的压力和记忆形成之间的关系，它将是一个倒 U 形。物理考试的压力太小，你的杏仁核就不会有足够的激活来增强海马体中的记忆巩固。压力太大，你就会处于一种不知所措的状态，无法集中注意力或处理任何事情。有一个最佳的暂时压力水平能创造与压力环境相关的记忆，这个水平因人而异。我们中的一些人对急性应激有很强的耐受性，而另一些人会在压力下崩溃。

虽然暂时的压力可以促进新记忆的形成，但它会削弱你提取已经储存的记忆的能力。想象一下你已经为期末考试做好了准备，你对信息了如指掌，你有信心并准备好通过测试。但当走进教室时，你会突然感到紧张和焦虑。你的心在狂跳，你的手心在出汗，你的胃在痉挛。你读了第一道题，结果大脑一片空白。你知道你记得答案，但你的大脑无法提取它。这只会增加你正在经历的压力。

大量研究表明，压力会阻碍记忆提取。例如，与注射了生理盐水的受试者相比，注射了皮质醇的受试者在获取先前学习的信息方面表现出缺陷。如果皮质醇的释放被阻断，对已建立的记忆的提取是正常的。

因此，暂时的、适度的压力可以改善记忆的形成，但它会损害回忆。但是，如果你像大多数人一样，经常或持续地感到压力，会发生什么呢？长期的压力对你的记忆有好处吗？不。事实上，持续的压力对你的记忆是灾难性的。

事情是这样的。如果你的压力源不消失，比如你有一个专横的老板、一个虐待你的伴侣、一个生病的孩子。或者你遭遇了一个又一个压力——你遭遇了一场车祸，你的胳膊骨折了，然后你失去了工作，现在你无法支付账单。你的"战斗或逃跑"反应一次又一次受到打击，每次都会释放皮质醇。你下丘脑中的关闭阀很快就会对大量皮质醇的存在变得不敏感，并停止反应。因此，你的应激反应保持开启状态，你的大脑和身体现在处于一种持续的、失控的"战斗或逃跑"状态。

这对你的记忆没有帮助。长期的压力会不断地提醒你的杏仁核，所以你会花太多的时间和精力在你原始的、情绪化的大脑上，而不是在你思考的大脑上。压力会抑制你的前额皮质，削弱你的思考能力，所以你可以立即做出反应，而不用花时间去考虑这样或那样做的利弊，如果你现在必须逃离一头狮子，这就是短暂的压力。但在长期的压力下，你将很难清晰地思考。

更令人担心的是，如果一直处于压力状态，那么你会开始失去海马体中的神经元。你可能在某个地方听说过，如果你杀死了一个成年神经元，它就永远消失了，成年脑细胞不能再生。这一信条在20世纪90年代被推翻。神经发生（新神经元的生长）在人的一生中会出现在大脑的许多部分，最显著的是在海马体中……除非你的海马体一直泡在皮质醇浴中。

慢性应激会抑制海马体的神经发生。因此，如果你正在经历持续的、不可控的压力，你的海马体就会变小，可用于巩固记忆的神经元会更少，你创造新记忆的能力将受到损害。

持续暴露在压力和皮质醇之下的海马神经元似乎更容易受到其他损伤的影响，如中风或阿尔茨海默病。有一项对 1 100 名年龄在 38~60 岁的女性进行的持续 35 年的感知压力水平的研究，该研究称，经历慢性应激的女性患阿尔茨海默病的风险增加了 65%。在另一项研究中，与能够保持冷静的人相比，长期处于压力下的人在 5 年内患阿尔茨海默病的可能性是前者的两倍，患认知障碍的可能性是前者的 10 倍。

所以，长期压力对你的记忆力有害。但现代社会的生活压力真的很大，我们无法控制世界政治、天气或下一场流行病。你无法摆脱充满敌意的老板，无法摆脱让人喘不过气来的最后期限，也无法摆脱你所处的似乎没完没了的交通堵塞。你无法阻止压力每天进入你的家门。那我们能做什么？我们注定要生活在一种持续的、手心出汗的焦虑状态中，萎缩的海马体在无效的皮质醇汤中煎熬，因为压力太大而无法记住我们刚刚读到的东西吗？

虽然不一定能从生活的压力中解脱出来，但我们可以极大地影响大脑和身体对我们所处的每一种压力情况的反应。通过瑜伽、冥想、健康饮食、锻炼以及正念、感恩和同情的练习，我们可以训练自己变得不那么被动，控制失控的压力反应，在面对有害压力时保持健康。所有这些方法都被证明可以降低高血压、炎症、焦虑和知觉压力的发生概率。它们还能恢复皮质醇水平。这些慢性应激克星也可能通过增强海马体中的神经发生来改善你的记忆力。例如，每天冥想 30 分钟的人，其大脑中的海马体在 8 周后明显比他们开始这种日常练习之前要大。年龄相仿却没有冥想的人海马体的大小则没有变化。在那些经常锻炼的人的身上，我们也发现了类似的结果。

考虑到你经常遇到的一长串压力源，我敢打赌，遗忘是其中之一。每当忘记一个名字，忘记去取干洗的衣服，或者忘记把手机放在哪里时，你是否会感到沮丧、恐惧或担心？你是不是经常因为这种日常的记忆缺失而感到压力很大？

现在你应该知道，急性应激实际上会干扰记忆，而慢性应激会使你的海马体萎缩，为遗忘而烦恼可能是一种自我实现的预言。所以，让我们一起深呼吸。下次当你忘记那个著名冲浪者的名字或者忘了从商店买牛奶时，你要知道这些都是正常遗忘的常见例子，我希望你可以放松。遗忘总会发生，如果你对此感到有压力，它就会发生得更多。

# 16
## 充足睡眠

如果哪一天大型制药公司推出一种药片，可以改善你的记忆力，并显著降低你患阿尔茨海默病的风险，你会服用吗？你愿意付多少钱买这种药？其实，我们已经拥有良方了。

它叫睡眠。

当我还是个孩子的时候，我和朋友有时会幻想成为超级英雄。他们的愿望清单上经常出现的超能力是飞行、隐形和时间旅行。我对这些都不感兴趣，我一直梦想着拥有永远不需要睡觉的超能力。

时至今日，我仍然如此希望。想象一下，如果不需要把所有的时间都浪费在无意识上，我可以读和写所有的书，我可以学习所有的语言，我可以完成所有的事情！

假设每晚睡 8 个小时（我们能充分意识到，很少有人会经常睡这么长时间），我们一生中有 1/3 的时间都在睡觉。如果有幸活到 85 岁，那么你会睡 248 200 个小时。这相当于睡了整整 28 年！如果你 50 岁，那就意味着你已经睡了 16 年。那就是 16 年不读书，不工作，不思考，不社交，不玩耍，也没有爱。同样，动物在睡觉时也不会捕猎、进食、交配或梳理毛发。为什么人类和动物会进化到花这么多时间什么都不做？

答案就在问题中。睡眠不是什么都不做的可有可无的状态。它不是一种被动的、空白的无意识状态，不是一段没有动机的可悲的休息时间，不是对时间的不幸浪费，甚至不仅仅是没有清醒。睡眠是一种生理上繁忙的状态，它对你的健康、生存和最佳状态至关重要。睡眠不足会增加你患心脏病、癌症、传染病、精神疾病、阿尔茨海默病和记忆障碍的风险。

睡眠显然具有超级强大的作用。

就记忆而言，睡眠在许多方面起着至关重要的作用。首先，你需要睡眠来集中注意力。如果今晚你没有得到充足的睡眠，你的额叶皮质将在早上拖着自己去完成它的工作，你的注意力会变得迟缓。你知道创造记忆的第一步是注意你将要记住的东西。要注意到任何事物，你都需要感知并关注它。因此，通过确保你的额叶皮质神经元保持警觉和活跃，并为工作做好准备，睡眠为你提供了编码新记忆所需的注意力。

但在睡眠对记忆的强大影响中，提高注意力可能是最不令人印象深刻的。睡眠也会在这些新编码的记忆上点击保存按钮。它通过两个步骤来实现这一点。首先，当你在清醒时体验、学习甚至排练某事时，大脑中发生的独特的神经活动模式在睡眠中被重新激活。这种神经重放促进了这些连接，将它们固定成一个单一的记忆。事实上，在你打盹时，巩固过程发生的重放次数与你醒来后能够回忆起的记忆数量相关。

睡眠有助于巩固新的记忆，睡眠不足会干扰记忆的巩固。在经历了一夜糟糕的睡眠之后，你很可能会在第二天经历一种逆行性失忆症。你对昨天的一些记忆可能是模糊的、不准确的，甚至是缺失的。对清单、配对儿关联、模式、课本信息和今天发生的事情的回忆在睡眠后比清醒时提高了20%~40%。经过一夜的睡眠，明天对今天所做的语义和情景记忆的回忆会明显更好，这是由于睡眠时间不仅仅是时间的流逝。

除了情景记忆和语义记忆，睡眠还能优化肌肉记忆。我们都知道，重复可以提高技能学习，熟能生巧。但是，如果我们在方案中加入睡眠会发生什么？

在一项关于睡眠对肌肉记忆任务学习的影响的研究中，受试者被要求用他们的非惯用手以4—1—3—2—4的特定顺序按下计算机上的4个数字键，并尽可能快和准确地按30秒。这个任务他们练习了 12 次，平均下来，每个人的成绩提高了 4% 左右。

12 小时后，所有受试者再次接受相同任务的测试。一半的人在这 12 个小时里没有睡觉，他们的速度和准确性没有任何提高。另一半人也在 12 小时后接受了测试，但他们的 12 小时包括整整 8 小时的睡眠。他们的速度提高了 20%，准确率提高了 35%。这种技能记忆的大幅提升不是通过持续练习或简单的时间流逝实现的。这些人进步了，因为他们睡觉了！

这似乎适用于所有的肌肉记忆技能。睡眠对于将一项任务的有意识的、深思熟虑的、单独的步骤巩固为自动化的、无缝的肌肉记忆是必要的。睡眠有助于技能掌握——当阅读乐谱上的每个音符时，你不再需要考虑每个手指在钢琴键上的位置，你可以凭记忆演奏这首曲子。没有任何额外的练习，你会在睡觉后更好地学习你正在做的事情。没有睡眠，这种情况就不会发生。熟能生巧，你只需要一觉睡到天亮。

午睡也有同样的作用。再次用相同的 4—1—3—2—4 连续手指敲击任务来验证午睡是否会像整夜睡眠那样改善运动记忆。在学习完任务后，一半的受试者小睡了 60~90 分钟。另一半保持清醒。与午睡前的得分相比，午睡的受试者的表现提高了 16%。没有午睡的受试者的表现没有变化。

第二天，在每个人都睡了一整夜之后，所有受试者再次接受了测试。前一天午睡的那组人的成绩从 16% 提高到 23%。没有午睡的那组人的手指敲击表现从没有改善提高到 24%。他们赶上了午睡的人。因此，午睡可以让你在当天的表现中获得优势，但它并不能击败整夜睡眠所带来的好处。

许多研究表明，随着时间的推移，人们学习新事物的能力越来越差，除非他们午睡。但是午睡是如何提高你记忆新事物的能力的？我们不确定，但这是大多数专家都在论证的假设。与大脑皮质不一样，海马体没有无限的存储容量。假设你正在为明天的考试临时抱佛脚，你试图记住大量的信息。假设你可以最大化你的海马体。因此，在午睡时巩固哪怕是一点点新记忆，也能为巩固新记忆腾出一些急需的空间。

所以，午睡可以帮助你记住你已经学过的东西，而且似乎也有助于为你将要学习的东西腾出空间。午睡需要多长时间？20 分钟的午睡时间应该足以给你带来大量的记忆增强的好处，而不会让你有长时间午睡后经常出现的昏昏沉沉的睡眠惯性的风险。

作家丹尼尔·平克曾经是午睡的坚定反对者，现在却是忠实拥趸。他还添加了一个有趣的点缀——nappuccino[①]。他在午睡前 20 分钟喝咖啡。当醒来时，他的许多新形成的记忆将被

---

① nap（小睡）和 cappuccino（卡布奇诺）的合成词。——译者注

巩固为长期稳定的存储。他那被填满的海马体将在一定程度上被清理，为他下一步需要记住的东西腾出空间。而咖啡中的咖啡因，大约需要 25 分钟才能进入他的血液，此时将准备好发挥作用，激活他的额叶皮质神经元来集中注意力。这才是真正的午睡。

如果我还没有说服你，充足的睡眠对你的记忆力是至关重要的，那么下面的内容你要注意。越来越多的证据表明，睡眠对降低患阿尔茨海默病的风险至关重要。如前所述，大多数神经科学家认为，阿尔茨海默病是由淀粉样蛋白斑块的积累引起的。正常情况下，淀粉样蛋白由神经胶质细胞清除和代谢。神经胶质细胞是你大脑的清洁工，作为一个群体，它们形成了你大脑的污物卫生管理部门。在深度睡眠期间，你的神经胶质细胞会冲走你清醒时在突触中积累的任何代谢碎片。深度睡眠就像是对大脑的强力净化。在夜间睡眠中被清除的最重要的东西之一就是淀粉样蛋白。

但是，如果你在深度睡眠中欺骗了自己，会发生什么呢？神经胶质细胞将没有足够的时间清理你的大脑，第二天早上醒来，你的突触上就会剩下昨天的淀粉样蛋白，或者淀粉样蛋白的残留物。

一夜睡眠不足会导致脑脊液中淀粉样蛋白和 tau 蛋白（阿

尔茨海默病的另一个预测生物标志物）的增加。如果继续睡眠不足，淀粉样蛋白就会一夜又一夜地累积，你就会越来越接近可怕的临界点——离阿尔茨海默病越来越近了。

而淀粉样蛋白的累积已被证明会扰乱睡眠，这反过来又会导致更多的淀粉样蛋白累积，现在你被困在一个令人眩晕的反馈循环中，加速了斑块的形成。那么这一切意味着什么？睡眠不足可能是导致阿尔茨海默病的一个重要风险因素。

但是多长的睡眠才足够呢？成年人已经进化到每晚需要7到9个小时的睡眠时间。低于这个数字会损害你的心血管系统、免疫系统、心理健康和记忆功能。让我再说一遍，因为很多人可能只是轻松地跳过了这些词，或者认为一晚上五六个小时的睡眠已经足够了，或者只是不相信我。睡眠科学的数据非常清楚地说明了睡眠和健康之间的联系。每天晚上，睡眠过程都在积极地对抗心脏病、癌症、感染和精神疾病。当睡眠充足时，你身体的每个器官系统（包括大脑）的健康都会得到加强，但如果睡眠不足，你的健康和记忆力就会受损。每晚睡眠不足7到9个小时会给你的健康带来真正的风险，无论是第二天还是一生。睡眠是一种强大的超能力，但它也是一把双刃剑。

我们过去在睡眠方面做得很好。根据1942年的盖洛普民意调查，美国成年人平均每晚睡眠时间为7.9小时。但时代变了。如今，大多数文化都对睡眠形成了一种危险的轻视态度。在这个忙碌的时代，在拥有一切和做一切的压力下，人们焦虑情绪高涨，看屏幕的时间越来越长，熬夜一口气看完《了不起的麦瑟尔夫人》第二季，我们的睡眠明显比以前少了。如今，美国、英国和日本的成年人每晚平均睡眠时间约为 6.5 小时。

我们被剥夺了睡眠，并且往往对此感到自豪。但是，吹捧每晚睡眠少于 7 小时的生活方式是错误的。睡眠专家对我们所需的夜间睡眠时间意见一致。我们每晚需要睡 7 到 9 个小时。如果做不到这一点，我们的健康和记忆力就会受到损害。

总之，如果你今晚没有睡够 7 到 9 个小时：

你的额叶皮质神经元明天会变得迟钝，阻碍你集中注意力，从而阻碍你对重要的新记忆进行编码和存储。

你不会清楚、完整地记得昨天学到和经历的东西。

尽管昨天上了一节课，打了 18 个洞，但是你的高尔夫挥杆技术并没有任何进步。

你可能会过早地耗尽今天所学的知识。

你可能会增加患阿尔茨海默病的风险。


做个好梦……

# 17

# 预防阿尔茨海默病

年龄是阿尔茨海默病的头号风险因素。阿尔茨海默病导致的记忆丧失在 65 岁以下是罕见的，但在此之后，数字变化很迅速。在美国，每 10 个 65 岁的人中就有一个患有阿尔茨海默病。85 岁的年龄段是 1/3，快接近 1/2 了，那就是该年龄段的人的一半。

我们对衰老无能为力。如果我们活得足够长，由阿尔茨海默病导致的遗忘就是我们大脑的命运吗？对我们大多数人来说，它不是。阿尔茨海默病不是自然衰老的一部分。只有 2% 的阿尔茨海默病患者是纯粹遗传的、早发性的。在 98% 的情况下，阿尔茨海默病是由遗传基因和我们的生活方式共同造成的。虽然我们不能对我们的基因做任何事情，但科学清楚地表明，我们的生活方式可以极大地影响淀粉样蛋白斑块的累积。

这反过来意味着，就像癌症和心脏病一样，我们可以做一些事情来预防阿尔茨海默病。由于我们不会在一夜之间患上阿尔茨海默病——在我们出现阿尔茨海默病症状之前，淀粉样蛋白斑块需要累积 15 到 20 年，我们有足够的时间来实施一些预防策略。

让我们从饮食习惯开始。几项研究已经清楚地表明，食用地中海饮食或超体饮食的人患阿尔茨海默病的风险降低了 1/3 到 1/2。这些结果非常重要。如果我告诉你，美国食品药品监督管理局（FDA）刚刚批准了一种能将你患阿尔茨海默病的风险降低 50% 的药物，你会服用吗？你肯定会。这两种饮食都包括绿叶蔬菜、颜色鲜艳的浆果、坚果、橄榄油、全谷物、豆类和鱼类（尤其是那些富含欧米伽 -3 脂肪酸的鱼，我们的身体不能自己产生这种脂肪酸）。

多年来，人们一直问我，他们是否应该喝红酒来预防阿尔茨海默病。我每次都让他们失望，答案是否定的。没有任何令人信服或真实的数据支持红酒可以降低患痴呆或阿尔茨海默病的风险的论点。所有这些研究都漏洞百出，无法得出任何有用的结论，却产生了误导性的头条新闻和高脚杯都市神话，即每天喝两杯红酒可以预防阿尔茨海默病。但是，没有任何科学证据支持这一点。

即使对白藜芦醇（红酒中的一种化合物，被吹捧为能保护你的记忆）和小鼠大脑功能的研究揭示了白藜芦醇与淀粉样蛋白清除和认知改善有（实际上它们并没有）关系，你也必须每天喝大约 20 杯红酒才能得到类似剂量的白藜芦醇。需要明确的是，没有研究表明，饮用任何数量的红酒可以降低患阿尔茨海默病的风险。另一方面，任何种类的酒精都有可能干扰你的睡眠质量和数量，从而增加患阿尔茨海默病的风险。

那么巧克力呢？它已经被证明可以提高注意力（通过咖啡因），而且我已经说了，注意力是记忆形成的基本要素。所以这是一个加分项。但是到目前为止，还没有令人信服的证据表明，巧克力能降低患阿尔茨海默病的风险。抱歉，各位。就像红酒的情况一样，到目前为止，关于巧克力和阿尔茨海默病的研究设计得太糟糕了，因此不可能从中得出任何有用的结论。也就是说，巧克力（尤其是黑巧克力）是抗氧化剂的来源，据推测，抗氧化剂在减少阿尔茨海默病导致细胞死亡的炎症中发挥着作用。因此，从理论上讲，巧克力和其他任何具有抗氧化特性的食物或香料一样，可以保护你的大脑免受自由基和炎症带来的损害。但我们还没有得到这些数据。

咖啡呢？一项纵向流行病学的研究（一项长期跟踪，同一参与者的纵向研究）显示，中年时每天喝 3 到 5 杯咖啡可以将患阿尔茨海默病的风险降低 65%。目前，我们尚不清楚这种影响是咖啡因、抗氧化剂、对胰岛素敏感性的影响、血脑屏障的变化还是其他因素带来的结果。我们不知道茶是否有同样的好处。所以我们需要进行更多的研究，但是现在，你可以把咖啡添加到你的阿尔茨海默病预防工具包中。但要注意喝一天中最后一杯拿铁的时间，你可不能让今晚的失眠抵消了咖啡带来的潜在好处。

维生素 D 含量低的人患阿尔茨海默病的概率是正常人的两倍。因此，如果你缺乏维生素 D，服用补充剂并多晒太阳。维生素 $B_{12}$ 缺乏会导致痴呆症状，看起来很像阿尔茨海默病，但这些记忆障碍实际上并不是阿尔茨海默病的起源。这里有个好消息——你的症状可以通过补充维生素 $B_{12}$ 或注射维生素 $B_{12}$ 得到缓解。尽管有很多传言，但椰子油并没有显示出对阿尔茨海默病导致的遗忘有任何影响。同样，银杏也不能降低你患痴呆的风险。

一般来说，任何对你的心脏有益的东西对你的大脑也有益，对预防阿尔茨海默病同样有益。所以，如果你已经注意到你的心脏健康，这对你的大脑来说是个好消息。高血压、肥胖、糖尿病、吸烟和高胆固醇都会增加你患阿尔茨海默病的风险。一些尸检研究表明，多达 80% 的阿尔茨海默病患者同时患有心血管疾病。与高密度脂蛋白（HDL，有益胆固醇）低的人相比，高密度脂蛋白增加使得患阿尔茨海默病的风险降低了 60%。他汀类药物已被证明可以减少 75 岁及以上人群阿尔茨海默病的发作。

你已经了解了睡眠对阿尔茨海默病发展的潜在影响，但睡眠的影响值得在这里再次强调。长期睡眠不足是阿尔茨海默病的一个重要风险因素。我觉得这既可怕（因为几十年来，我一直熬夜，早起，整夜给孩子喂奶），又令人鼓舞——因为我现在可以做点儿什么了。如果你还没有患上阿尔茨海默病，那就意味着你的淀粉样蛋白斑块水平还没有达到临界点。无论你的生活中多么缺乏睡眠，那都是过去的事了。你仍然可以通过今晚充足的睡眠来对抗大脑中每天积累的淀粉样蛋白。

如果你不做其他事情来降低患阿尔茨海默病的风险，那就锻炼吧。在许多人类研究中，有氧运动与痴呆风险的显著降低有关，并且它降低了疾病动物模型的淀粉样蛋白水平。锻炼可以改善睡眠（它可以减少入睡所需的时间，提高睡眠质量，减少夜间醒来的次数），你已经知道这可以改善正常记忆，降低患阿尔茨海默病的风险。即使是每天快步走，患阿尔茨海默病的风险也会降低 40%。这是一个不小的影响。锻炼很有效。

体育锻炼和脑力活动都被证明可以刺激海马体中新神经元

的生长，现在你已经知道，海马体对记忆的形成至关重要，也是第一个受到阿尔茨海默病攻击的大脑区域。因此，锻炼和精神刺激可能是一种反击并取代已成为疾病受害者的神经元的方法。相反，久坐和缺乏认知活动实际上与大脑萎缩有关。携带单拷贝 APOE4（一种与阿尔茨海默病风险增加相关的基因变异）的老年人，在一年半的时间里，海马体缩小了 3%——但前提是他们久坐不动。如果他们运动，他们的海马体就不会萎缩。你坐得越久，海马体就越小。大脑较小的人的记忆力往往不如大脑较大的人。

最后，如果你想预防阿尔茨海默病引起的记忆丧失，那就学习新东西。阿尔茨海默病引起的痴呆最终是突触丧失的结果。一个普通的大脑有超过 100 万亿个突触，这是一个极好的消息，因为我们有很多工作要做。这不是一个静态的数字，通过神经可塑性，我们一直在获得和失去突触。每次学习新东西，我们都是在创造和加强新的神经连接、新的突触。

那么，学习新事物对治疗阿尔茨海默病有什么帮助？一项针对修女的研究对 678 名修女进行了 20 多年的跟踪调查，在研究开始时，这些修女的年龄都在 75 岁以上。她们定期接受身体检查和认知测试，当去世时，她们的大脑都被捐献出来进行研究。在其中一些大脑中，科学家发现了一些令人惊讶的东西。尽管存在斑块、缠结和大脑萎缩，这似乎是毫无疑问的阿尔茨海默病，但是这些修女在活着的时候没有表现出患有阿尔茨海默病的行为迹象。

为什么会这样？我们认为这是因为这些修女有高度的认知储备，也就是说，她们有更多的功能性突触。受过更多正规教育的人，读写能力更强的人，经常参加社交和精神刺激活动的人有更多的认知储备。他们有丰富和冗余的神经连接。因此，即使阿尔茨海默病确实会损害一些突触，他们也有许多备用的、可替代的连接，这可以缓冲他们注意到的任何不对劲儿的地方。这些人患阿尔茨海默病的风险更低。

因此，我们可以通过招募尚未受损的通路来应对阿尔茨海默病病理的存在。通过学习新事物，我们创造了这些通路、这种认知储备。在理想情况下，我们希望这些新事物的意义尽可能丰富，能吸引视觉、听觉、联想和情感。

建立认知储备并不意味着做填字游戏。没有令人信服的证据表明，做智力游戏或大脑训练对降低患阿尔茨海默病的风险有任何作用。你的填字游戏能力会变得更好，但你不会建立一个更强大的抵御阿尔茨海默病的大脑。你不想简单地检索已经学过的信息，因为这种类型的思维练习就像在古老而熟悉的街道上旅行，在你已经知道的社区里闲逛。

你想铺设新的神经通路，通过认知刺激建立一个对抗阿尔茨海默病的大脑，那就意味着你应该学习弹钢琴，结识新朋友，去一个新的城市旅行，或者阅读这本书。

如果有一天你被诊断患上了阿尔茨海默病，那么我可以告诉你我从我的祖母、格雷格以及我认识的几十个患有这种疾病的人的身上学到的三个经验：

诊断并不意味着你明天就会死。你只需要继续生活。

你不会失去情感记忆。你仍然能够理解爱和快乐。你可能不记得我5分钟前说了什么，甚至不记得我是谁，但你会记得我给你的感觉。

你能记住的比你认为你能记住的要多得多。

# 18

## 记忆悖论

人不仅仅由记忆组成。他们有感情，有意志，有感性，有道德。在这里，你可以触摸它们，看到深刻的变化。

——亚历山大·鲁利亚

记忆对你所做的几乎每件事的运作都是必不可少的。因为有了记忆，你知道如何走路、说话、刷牙、读这些单词和发送电子邮件；你知道你住在哪里，你的计算机密码，以及如何在你的头脑中计算 20% 的小费；你认出了你爱的人。毫无疑问，记忆是一种惊人的超能力。但是请记住，记忆也可以是那个永远不会出现在你的咖啡约会中的古怪朋友，或者是迪士尼乐园里那个愿意相信任何事情的天真的学龄前儿童。众所周知，记忆，尤其是对去年发生的事情或你今天晚些时候打算做的事情的记忆，是不完整、不准确、虚构和容易出错的，如果将其外包给谷歌或你的日历，它的表现往往会更好。

那么，在与记忆的关系方面，我们该做些什么呢？我们应该如何把握它？我们是把记忆当作一个无所不能的国王来尊敬和崇拜，还是向它扔烂番茄，诋毁它（进而诋毁我们自己）给我们带来不便的缺点和愚蠢的错误？最明智的答案介于两者之间。

试着承受这个悖论的压力：记忆是一切，但又什么都不是。如果你觉得这太极端了，那就试试这个温和的版本：记忆真的很重要，但也不是什么大事。也许我们可以认真对待，但要放轻松。

如果认为记忆真的很重要，你就会重视记忆的真正魅力，并照顾好它。你会知道，通过使用正确的工具，你的记忆潜力是无限的。你可以学习一门新语言，弹吉他，在考试中得 A。你也会感激你的记忆力，大量研究表明，感恩与更大的幸福和安康有关。

同时，如果承认记忆没什么大不了的，你就会对记忆中的许多不完美感到可以接受并原谅它们。

你不记得三年级老师的名字了。没关系。三年级是很久以前的事了，记忆会随着时间的流逝而褪色。

你不记得上周三的晚餐吃了什么。无所谓，可能是意大利面。

你忘了归还孩子从图书馆借的书。这是常有的事，尤其是当它不在你的日历上的时候。

你不记得桑德拉·布洛克和那个橄榄球运动员的那部电影的名字了。没关系，有一天你会突然想起来的。或者你可以现在就在谷歌上搜索一下，然后把它搞定。

你的配偶坚持说，两年前你提前 3 天离开了在缅因州的度假小屋，因为那里每天都在下雨。你记得整个星期都是晴天，你只提前一天离开，因为你的儿子扭伤了脚踝，你想让他的医生在足球比赛开始前检查一下。谁是对的？谁知道呢？谁在乎啊？你们可能都错了。随它去吧。

你不记得 1 美分的字样是在硬币的正面还是反面了。别担心，你从未注意这个细节，你知道这些并不重要。


当你的记忆不可避免地忘记时，不要责备或与之斗争，你会体验到更多的轻松和更少的压力。更少的慢性应激对你的记忆力有好处，就像感恩一样，对你的健康有好处。

有些人能记住数量惊人的信息。世界纪录保持者原口证背诵了圆周率小数点后的 111 700 位。大提琴家马友友将数万个音符用于肌肉记忆。虽然拥有训练有素的记忆力肯定有好处，但它并不能保证所有人都有卓越的记忆力。原口证忘记了妻子的生日。马友友把大提琴忘在出租车的后备厢里。训练有素的记忆也不是万灵药。拥有美好记忆的人也不能避免失去、失望和失败的经历。拥有非凡的记忆力并不能保证幸福或成功。

虽然记住大量信息是令人印象深刻和有意义的，但大多数人会说，记住生活中发生的细节更重要。但它不可能那么重要，因为，除非你是这个星球上为数不多拥有超强自传体记忆的人之一，否则你不会记住大部分事情。我们的大脑并不是为了记住常规或可预测的事情而设计的，我们生活中的大部分时间都在做这些事情。多记少忘应该是一个理想的目标吗？如果能记住每天早上洗澡的细节，你的生活真的会有所改善吗？

也许对记忆更合理的期望是让它忘记一切，除了那些有意义的事情，记住你生活中有意义的细节才是最重要的。这些记忆为你提供了一种自我意识，一种生活叙事，以及成长和与他人联系的潜力。我们的大脑不会记住所有事情，但也许它记住的就足够了。

然而，即使有意义的事情被遗忘了，记忆也不能定义它对人类的意义。我的朋友格雷格在过去的 11 年里一直患有阿尔茨海默病。这种疾病已经夺去了他太多珍贵的长期记忆，并且还会越来越严重。他最近的记忆只有幽灵和阴影。如果记忆是一切，失去它就什么都不是，那么格雷格会彻底崩溃。格雷格的失忆是真实的，令人沮丧、愤怒、恐惧和心碎。但它们不是一切。这种疾病没有也不会偷走格雷格的幽默感，在我们的每一次互动中，他都巧妙地运用了这种幽默感。这种疾病并没有夺走他的信仰、他活在当下的能力，或者与他人建立有意义的关系的能力。格雷格的记忆力很差，但不影响他成为我最好的朋友之一。他有一个充满爱的家庭，他仍然过着值得纪念的生活，这很重要。

记忆也不是感受人类所有情感所必需的。你不需要记忆如何去爱和感受被爱。我的祖母因阿尔茨海默病离世，当时他已经完全认不出我们了。她忘记了自己婚后的名字，忘记了所有的孙辈和9个孩子。她再也认不出她的家，认不出她在镜子里的脸。她认为她的女儿玛丽是个无家可归的女人，她好心收留了她，在过去的四年里，玛丽一直是她的全职保姆。在祖母患病的最后几年里，我不会用一杯咖啡去换她的记忆。但即使在她去世的那天，她也知道她是被我们爱着的。她不知道我们是谁，但她也爱我们。

认真对待，心态从容。记忆不是一切。

# 致 谢

感谢所有在本书出版过程中给予我帮助的人。感谢珍妮弗·鲁道夫·沃尔什支持我和这本书，感谢苏珊·格卢克如此热情地接过接力棒。感谢吉娜·森特罗对这个项目的信任，让本书得以在兰登书屋出版。感谢塔米·布莱克、帕特丽夏·博伊德、马尼·科克伦、达尼埃尔·柯蒂斯、布里亚纳·斯佩贝尔、梅利莎·桑福德、克里斯蒂娜·福克斯利以及整个兰登书屋团队，尤其是我的编辑黛安娜·巴罗尼，他们推动我完成了这本书的最佳版本。

感谢贝茨学院心理学名誉教授约翰·凯尔西博士起草了提纲，并督促我对每一个字都诚实以待。再次与您合作真是一种享受。感谢我亲爱的朋友、哈佛医学院精神病学助理教授爱德华·梅洛尼博士，感谢你对当前创伤后应激障碍和记忆的理解与洞见。

感谢玛丽卢·亨纳的友谊，感谢你分享的那些关于超强自传体记忆的精彩对话。感谢汤姆·格鲁贝尔抽出时间与我讨论人工智能、人类记忆以及与外部技术共享记忆工作的好处。感谢乔舒亚·福尔和我分享他作为记忆冠军的经历，以及在日常生活中使用记忆技巧的利弊。感谢罗伯托·博尔加蒂向我解释了学习高尔夫挥杆动作的步骤。感谢我亲爱的朋友格雷格·奥布莱恩，感谢你如此坦率地分享了你对阿尔茨海默病导致的遗忘的感受。你是我的英雄。

最后，感谢我敬业的早期读者：安妮·凯里、劳蕾尔·戴利、乔·戴奇、玛丽·吉诺瓦、汤姆·吉诺瓦、金·豪兰和玛丽·麦格雷戈。这太有趣了！

附　录

## 如何应对这一切

现在我们知道了记忆的能力和不可靠性，很可能你并不记得你在这本书中读到的所有内容。所以，让我们回顾一下本书的主要信息。我们对已发生之事的记忆很少一开始就完全准确，而且随着回忆和重新巩固，它们往往会变得更不准确。忘记不需要的事实际上是非常有用的。我们的记忆力会随着时间和年龄的增长而衰退，这是完全正常的，并不反映某些疾病的过程。总之，我们现在知道了记忆是如何工作的，所以我们可以设法改善它。

如果你想增强记忆力，记住上周和去年发生的事情，你的网飞新密码，你的购物清单，你为什么来这个房间，那个人的名字，以及你把车停在哪里，你能做什么？让你想要记住的信息进入你的大脑的最好方法是什么？存入大脑后你如何才能最容易、最可靠地根据需要提取它？怎样才能使你学到并记住的东西更不容易被忘记？

**1. 集中注意力**。你不能记住一件事，除非你先把注意力放在那件事上。减少分心（放下手机）。停止多任务处理。积极关注你希望记住的东西。面对你面前的感官、情感和事实信息。瑜伽和正念冥想可以帮助你增强在当下时刻保持注意力的能力。当最大限度地集中注意力时，你就最大限度地提高了记忆力。

**2. 看到它**。在脑海中添加一幅你想要记住的画面，这样做可以增强记忆力，并且会一直奏效。在将你试图记住的东西可视化的过程中，你给它添加了更多的神经连接。你加深了联想，使记忆的形成更加牢固，之后可以更好地记住它。

如果要写下一些你想记住的东西，那就用大写字母写下来，或者用粉色记号笔标出，或者用圆圈圈起来。添加一张图表或涂鸦一张图片。让你试图记住的东西在你的脑海中很容易被看到。

3. **让它有意义**。我们记得什么是有意义的。还记得那些经验丰富的伦敦出租车司机吗？他们比新手司机记得更多的街道名称，但前提是这些街道是按照可驾驶顺序排列的。或者还记得国际象棋大师吗？他们能记住棋盘上更多棋子的排列，但前提是这些棋子被放置在可以下棋的位置上，而不是随机的位置上。说到记忆，意义才是王道。

把你想要记住的东西和你关心的东西联系起来。用你想要记住的信息或事件编一个故事。故事之所以令人难忘，是因为它们有意义。

4. **发挥想象力**。记忆力最好的人拥有最丰富的想象力。用创造性的视觉图像创造令人难忘的记忆。可视化，但要超越显而易见的东西。将奇异的、令人惊讶的、恶心的、性感的、生动的、有趣的、物理上不可能的互动元素添加到你试图记住的东西上，它就会被牢牢记住。如果我需要记住去商店买巧克力牛奶，我可以想象巨石强森给一头巧克力棕色奶牛挤奶，蒂娜·菲张着嘴躺在奶牛的乳房下，巧克力牛奶溅了她一脸。让图像尽可能狂野和独特，这样你更有可能记住它。

5. **位置，位置，位置**。如果把这个奇怪的图像放在你脑海中的某个位置就更好了。你的大脑会记住物体在空间中的位置。把那只棕色的奶牛放在我的客厅中央，而不是放在任何特定的地方，这将帮助我记住这张照片——并在我去商店的时候记住买巧克力牛奶，如果我的客厅是我记忆宫殿之旅的一站，那就更是如此了。

视觉和空间意象是作家兼记忆冠军乔舒亚·福尔在100秒内记住一串长得离谱的数字和一副52张牌的顺序的技巧中的特殊成分。乔舒亚说，他会在特定位置创造疯狂怪异的图像（比如在你大门口有一匹会说话的马，马背上骑着饼干怪兽），以帮助他记忆演讲、人名、信用卡号码和购物清单上的物品。但是，他也承认，这些技巧需要大量的训练和努力，并不是记忆的灵丹妙药。你必须记得，花一点儿时间给你想记住的东西加上一个特殊的图像，而实时地这样做需要努力和创造力。

在现实生活中不断变化的时刻，这些技巧对我们大多数人来说可能并不是一个方便的工具。乔舒亚·福尔是比我能更快地记住52张牌的顺序，但是这个能力并不能保证他记住当站在打开的冰箱前时他在寻找什么，或者他把手机放在哪里了。就连记忆大师原口证也曾忘了妻子的生日。就是这样。依赖于视觉和空间想象的记忆技巧并不能全面增强记忆——比如学习滑雪的肌肉记忆，或者回忆上个月在飞机上看的电影的细节，或者记住配偶的生日。

**6. 以你为中心。** 我通常不赞同以自我为中心,但在增强记忆力方面我有例外。这就是所谓的优越感错觉,你更有可能记住关于你的事情或你做过的事情的细节,而不是关于别人的事情或别人做过的事情的细节。哪一个更容易被记住——你最后一次打扫厨房,或者你的配偶或室友最后一次打扫厨房?嗯,选择后者可能是因为你的配偶从不打扫厨房,选择前者可能是你有优越感错觉。

你可以利用你的记忆倾向于自我参与这一特点,更好地记住其他事情。把你学到的东西个人化。把它与你的个人经历和观点联系起来,你就会加强它。如果在你试图记住的事情中扮演主角,你就更有可能记住它。

假设你要在酒店大堂与乔·布洛见面,而你从未见过他。酒店里有一个会议,大厅里会挤满很多可能是乔·布洛的人。所以,你可以在谷歌上搜索他的照片。他有棕色的眼睛和白色的头发。但这只是你看到的。如果只是停留在这里,你对这张脸的记忆过程就是一维的,非个人的,也就是说,这张脸并不是很难忘。

当你在大厅看到他时,让他的脸更多地以你为中心进行记忆，以增加你认出他的可能性。他有一个像你迈克叔叔的鼻子。他长得有点儿像 Talking Heads 乐队的大卫·拜恩。《烧毁房屋》("Burning Down the House")是你十几岁时最喜欢的歌曲之一。现在你有了更深层次的处理，个人联想，更多的提示，哦，看，他来了！将新信息（乔·布洛的这张照片）与你的个人信息（你的叔叔迈克，大卫·拜恩）联系起来，可以加强记忆的形成和提取。说到记忆，只要有可能，就让它以你为中心。

**7. 寻找戏剧性效果。** 与情绪中性的生活事件相比，情绪激动、令人心跳加速的生活经历——无论是好的还是坏的——更容易被巩固，也更不容易被遗忘。充满情感或惊喜的经历往往会被记住，如成功、羞辱、失败、婚礼、出生、离婚、死亡。情绪和惊喜会激活你的杏仁核，然后杏仁核会向你的海马体发出响亮而清晰的信息："嘿！现在正在发生的事情非常重要。记住这个！"因此，情绪和惊讶强烈地促进了新记忆的巩固。

引发强烈情感的事件和信息往往对我们很重要，因为这些事件和信息对我们的生活叙述很重要，所以我们会复述这些故事。在复述的过程中，我们在重复和排练，重新激活了神经回路，使这些记忆变得更强。

**8. 混搭起来。** 千篇一律是记忆的死亡之吻。我不记得上周二晚餐的细节了，因为那是一个典型的工作日晚上，和孩子们在一起，那些晚餐千篇一律——意大利面、比萨、三明治。这段记忆之所以被丢弃，是因为那顿晚餐很无聊，而我们的记忆系统对无聊不感兴趣。我清楚地记得 2015 年 2 月奥斯卡颁奖典礼前一晚的晚餐细节，因为那顿晚餐意义重大。非常感谢那天晚上没有通心粉和奶酪。如果你想记住更多发生的事情，那就从你的日常生活中走出来。还记得乔治·克鲁尼坐在红色法拉利里吗？想办法让你的白天和夜晚变得特别，与众不同、独一无二。

**9. 熟能生巧。** 重复和复述可以强化记忆，无论是语义记忆、情景记忆还是肌肉记忆。为了记忆语义信息，间隔练习比死记硬背效果更好，而过度学习（成绩测试达到 100%，然后继续学习）更能加强记忆。对自己提问比简单地重读能更好地增强你对材料的记忆。

你对一项技能练习得越多，肌肉记忆就会变得越强，提取的效率也会越高。因为这些记忆告诉身体该做什么，通过练习，你的身体能更好地完成这些工作。

坚持并重读日记，仔细阅读多年前的相册和社交媒体帖子，并进行回忆对话（还记得什么时候吗？），都是重复和排练情景记忆的方式，可以强化记忆。但请注意，千万记住，你的情景记忆就像迪士尼乐园里睁大眼睛的学龄前儿童。你对已发生之事的记忆可能会变得更强，但它也可能会被改变。

**10. 使用大量强有力的提示。**提示对恢复记忆至关重要。正确的提示可以触发你对几十年来从未想过的事情的记忆。如果你想增加回忆起特定记忆的概率，那就创建多个强有力的神经通路来激活它。

提示可以是任何与你试图记住的有关的东西——一天中的时间、一个药盒、前门地板上的音乐会门票、泰勒·斯威夫特的一首歌、会说话的马背上的饼干怪兽、汰渍洗衣粉的味道。气味是唤起记忆的特别有力的提示。你的嗅球（感知气味的地方——你在大脑中闻，而不是你的鼻子！）向你的边缘系统（杏仁核和海马体）发送强烈的神经输入，因此嗅觉、情感和记忆之间的神经结构是紧密相连的。

一位女士和你一起走进电梯。你闻到并认出这款香水是Calvin Klein 公司的 Obsession 香水，你立刻想起大学时的女友，那是一段你多年未曾想起的恋情。

**11. 保持积极。**经常有人告诉我，他们的记忆力很差。如果秉持这种态度，那么我相信他们说的话。向老年人展示一系列关于衰老的负面词语，比如：

衰老

老年

残疾人

虚弱的

在记忆和身体测试中，他们的表现会比同龄的受试者差，而后者被展示了一系列关于衰老的积极词语，例如：

明智的

长者

充满活力

经验丰富

大家都一样，如果你有很高的自尊心，你的记忆力会更好。对你的记忆说好话，它就会记住更多，忘记更少。

**12. 写下来**。那些对以后要做的事情记忆最好的人会使用记忆辅助工具——清单、日历、便利贴和其他提醒。你可能心存疑虑。你想知道并担心，如果过于依赖这些外部记忆"拐杖"，而不是仅仅依靠你的大脑，你的记忆力就可能恶化。别担心了，把它写下来。

我们的前瞻记忆——我们对以后打算做什么的记忆——本质上是可怕的。你可以试着记住你在下个月的第一个星期一4:00有一个牙医预约，或者你可以在手机的日历上输入信息。据我们所知，前瞻记忆失败的可能性很高（还记得马友友把他珍贵的大提琴忘在出租车的后备厢里了吗），我强烈建议你使用手机日历的提醒功能。

这让我想到了我经常遇到的一系列问题：使用智能手机会让我变笨吗？如果依靠手机来记住我所有的电话号码，或者用谷歌搜索每一个我记不住的名字，我会患上"数字健忘症"吗？

人工智能和认知科学家、苹果语音助手 Siri 的联合创始人汤姆·格鲁伯的回复是："不。你不会因为增强了记忆而失去记忆。"我们已经在很大程度上与我们的智能手机分享记忆的工作了。这并没有什么错。"你的计算机或手机只是提取你想要的信息的另一种途径。"

但是，如果你像我一样，甚至不知道自己孩子的电话号码，那么我们应该记住吗？好吧，我们可以花时间记住这些电话号码，但不需要。不记得电话号码并不会让我们变笨。我的手机里存了 2 000 多个电话号码。我的记忆力不会因为记住它们中的任何一个而受益。

与谷歌共享你的语义记忆可以形成一种非凡的合作关系。汤姆说："我们可以成倍地、无限地扩展我们的大脑所能接触的东西。因此，与其依靠在小学和大学里学到的事实和数据，我不如在谷歌上搜索并获得信息。现在的生活就是一场开卷考试。"用我们可以从谷歌检索到的信息来增强我们的语义记忆，让我们有机会学习和了解更多。

情景记忆也是一样。两年前我和乔去了威尼斯。我不记得我们住的酒店的名字，我们和我的朋友凯瑟琳一起吃饭的餐厅，我们分享的那瓶令人惊叹的葡萄酒的名字，或者我们租皮划艇的地方。但是，我拍摄的照片记录了我的地理位置，因为我将其中一些照片发到照片墙上，并配上文字描述了我们所做的事情，我还将酒店的名字存储在我的日历中，我的智能手机可以帮助我把这次旅行的情景记忆以生动而准确的细节拼凑起来。

因此，不要害怕与科技分享记忆的工作。你会毫不犹豫地用眼镜来增强你的视力，那为什么不能借助外物增强你的记忆呢？再好的记忆也不是完美的。在大多数情况下，由手机增强的记忆比我们自己的"设备"所获取的记忆更可靠。

**13. 环境很重要。**当内部状态和外部环境与记忆形成时的情况相匹配时，记忆提取会更容易、更快，并且更有可能被完全记住。还记得英国的深海潜水员吗？如果你在准备考试的时候喝了摩卡星冰乐，那就在考试的时候再喝一杯。

**14. 冷静。**我们大多数人经常感到压力过大，这对我们的记忆力来说是个坏消息。除了让你更容易患上一系列疾病，慢性压力还会损害你的记忆力，缩小你的海马体。虽然我们不一定能从生活的压力中解脱出来，但我们可以改变自己对压力的反应。通过瑜伽、冥想、锻炼以及正念、感恩和同情的练习，我们可以训练大脑减少反应，控制失控的压力反应，并在面对慢性、有害的压力时保持健康。

**15. 保证睡眠充足。**你需要 7~9 个小时的夜间睡眠，才能最大限度地巩固你今天创造的新记忆。睡眠对于将你学到的和经历的东西锁定为长期记忆至关重要。如果睡眠不足，第二天你就会经历某种形式的健忘症。你对昨天的一些记忆可能是模糊的、不准确的，甚至是缺失的。你只是增加了你的淀粉样蛋白水平。充足的睡眠可以降低患阿尔茨海默病的风险。

**16. 当试图记住某人的名字时，你可以把贝克（Baker）变成面包师（baker）。你还记得那是什么意思吗？**

# 建议阅读

Baddeley, A. *Working Memory*. Oxford, U.K.: Clarendon, 1986.

———. "Working Memory, Theories Models and Controversy." *Annual Review of Psychology* 63 (2012): 12.1–12.29.

Baddeley, A., M. W. Eysenck, and M. C. Anderson. *Memory*. 2nd ed. New York: Psychology Press, 2015.

Bjork, R. A., and A. E. Woodward. "Directed Forgetting of Individual Words in Free Recall." *Journal of Experimental Psychology* 99 (1973): 22–27.

Blake, A. B., M. Nazarian, and A. D. Castel. "The Apple of the Mind's Eye: Everyday Attention, Metamemory, and Reconstructive Memory of the Apple Logo." *Quarterly Journal of Experimental Psychology* 68 (2015): 858–865.

Brown, J. "Some Tests of the Decay Theory of Immediate Memory." *Quarterly Journal of Experimental Psychology* 10, no. 1 (1958): 12–21.

Butler, A. C., and H. L. Roediger III. "Testing Improves Long-Term Retention in a Simulated Classroom Setting." *European Journal of Cognitive Psychology* 19 (2007): 514–527.

Charles, S. T., M. Mather, and L. L. Carstersen, "Aging and Emotional Memory: The Forgettable Nature of Negative Images for Older Adults." *Journal of Experimental Psychology: General* 132, no. 1. (2003): 310–324.

Corkin, S. "What's New with Amnesic Patient HM?" *Nature Reviews Neuroscience* 3 (2002): 153–160.

———. *Permanent Present Tense: The Unforgettable Life of the Amnesiac Patient, H.M.* New York: Basic Books, 2013.

Dittrich, L. *Patient H.M.: A Story of Memory, Madness, and Family Secrets.* New York: Random House, 2016.

Ebbinghaus, H. *Memory: A Contribution to Experimental Psychology.* New York: Dover Publications, 1885; reprint 1964.

Eich, E. "Memory for Unattended Events: Remembering With and Without Awareness." *Memory & Cognition* 12 (1984): 105–111.

Eichenbaum, H. *The Cognitive Neuroscience of Memory: An Introduction.* 2nd ed. New York: Oxford University Press, 2012.

Foer, J. *Moonwalking with Einstein: The Art and Science of Remembering Everything.* New York: Penguin Books, 2011.

Godden, D. R., and A. D. Baddeley. "Context-Dependent Memory in Two Natural Environments: On Land and Under Water." *British Journal of Psychology* 66 (1975): 325–331.

Gothe, K., K. Oberauer, and R. Kliegl. "Age Differences in Dual-Task Performance After Practice." *Psychology and Aging* 22 (2007): 596–606.

Henner, M. *Total Memory Makeover: Uncover Your Past, Take Charge of Your Future*. New York: Gallery Books, 2013.

Hirst, W., E. A. Phelps, R. L. Buckner, A. E. Budson, A. Cuc, J. D. E. Gabrieli, and M. K. Johnson. "Long-Term Memory for the Terrorist Attack of September 11: Flashbulb Memories, Event Memories, and the Factors That Influence Their Retention." *Journal of Experimental Psychology: General* 138 (2009): 161–176.

Hirst, W., E. A. Phelps, R. Meksin, C. J. Vaidya, M. K. Johnson, K. J. Mitchell, and A. Olsson. "A Ten-Year Follow-Up of a Study of Memory for the Attack of September 11, 2001: Flashbulb Memories and Memories for Flashbulb Events." *Journal of Experimental Psychology: General* 144 (2015): 604–623.

Holzel, B., J. Carmody, M. Vangel, C. Congleton, S. M. Yerramsetti, T. Gard, and S. W. Lazar. "Mindfulness Practice Leads to Increases in Regional Brain Gray Matter Density." *Psychiatry Research* 191 (2011): 36–43.

Isaacson, R. S., C. A. Ganzer, H. Hristov, K. Hackett, E. Caesar, R. Cohen, et al. "The Clinical Practice of Risk Reduction for Alzheimer's Disease: A Precision Medicine Approach." *Alzheimer's & Dementia.* 12 (2018): 1 663–1 673.

Johansson, L., X. Guo, M. Waern, S. Östling, D. Gustafson, C. Bengtsson, and I. Skoog. "Midlife Psychological Stress and Risk of Dementia: A 35-Year Longitudinal Population Study." *Brain* 133 (2010): 2 217–2 224.

Karpicke, J. D., and H. L. Roediger. "The Critical Importance of Retrieval for Learning." *Science* 319 (2008): 966–968.

Kivipelto M. A. Solomon, S. Ahtiluoto, T. Ngandu, J. Lehtisalo, R. Antikainen, et al. "The Finnish Geriatric Intervention Study to Prevent Cognitive Impairment and Disability (FINGER): Study Design and Progress." *Alzheimer's & Dementia.* 9 (2013): 657–665.

Loftus, E. F. "Reconstructing Memory: The Incredible Eyewitness." *Psychology Today* 8 (1974): 116–119.

———. "When a Lie Becomes a Memory's Truth: Memory Distortion After Exposure to Misinformation." *Current Directions in Psychological Science* 1 (1992): 121–123.

Loftus, E. F., and J. C. Palmer. "Reconstruction of Automobile Destruction: An Example of the Interaction Between Language and Memory." *Journal of Verbal Learning and Verbal Behavior* 13 (1974): 585–589.

Loftus, E. F., and G. Zanni. "Eyewitness Testimony: The Influence of the Wording of a Question." *Bulletin of the Psychonomic Society* 5 (1975): 86–88.

Loftus, E. F., and J. E. Pickrell. "The Formation of False Memories." *Psychiatric Annals* 25 (1995): 720–725.

MacKay, D. G. *Remembering: What 50 Years of Research with Famous Amnesia Patient H.M. Can Teach Us about Memory and How It Works.* Amherst, NY: Prometheus Books, 2019.

Mantyla, T., and L. G. Nilsson. "Remembering to Remember in Adulthood: A Population-Based Study on Aging and Prospective Memory." *Aging, Neuropsychology, and Cognition* 4 (1997): 81–92.

McDaniel, M. A., and G. O. Einstein. *Prospective Memory: An Overview and Synthesis of an Emerging Field.* Thousand Oaks, CA: Sage, 2007.

McGaugh, J. L. *Memory and Emotion: The Making of Lasting Memories.* New York: Columbia University Press, 2003.

Melby-Lervag, M., and C. Hulme. "There Is No Convincing Evidence That Working Memory Training Is Effective." *Psychonomic Bulletin & Review* 23 (2015): 324–330.

Miller, G. A. "The Magical Number Is Seven, Plus or Minus Two: Some Limits on Our Capacity for Processing Information." *Psychological Review* 63 (1956): 81–97.

Neupert, S. D., T. R. Patterson, A. A. Davis, and J. C. Allaire. "Age Differences in Daily Predictors of Forgetting to Take Medication: The Importance of Context and Cognition." *Experimental Aging Research* 37 (2011): 435–448.

Nickerson, R. S., and J. J. Adams. "Long-Term Memory for a Common Object." *Cognitive Psychology* 11 (1979): 287–307.

O'Brien, G. *On Pluto: Inside the Mind of Alzheimer's.* Canada: Codfish Press. 2018.

O'Kane, G., E. A. Kensinger, and S. Corkin. "Evidence for Semantic Learning in Profound Amnesia: An Investigation with H.M." *Hippocampus* 14 (2004): 417–425.

Patihis, L., and E. G. Loftus. "Crashing Memory 2.0: False Memories in Adults for an Upsetting Childhood Event." *Applied Cognitive Psychology* 31 (2016): 41–50.

Peterson, L. R., and M. J. Peterson. "Short-Term Retention of Individual Verbal Items." *Journal of Experimental Psychology* 58, no. 3 (1959): 193–198.

Pink, D. H. *When: The Scientific Secrets of Perfect Timing.* New York: Riverhead Books, 2018.

Reisberg, D., and P. Hertel. *Memory and Emotion.* New York: Oxford University Press, 2004.

Salthouse, T. A. "The Processing-Speed Theory of Adult Age Differences in Cognition." *Psychological Review* 103 (1996): 403–428.

———. "Attempted Decomposition of Age-Related Influences on Two Tests of Reasoning." *Psychology and Aging* 16 (2001): 251–263.

———. "Perspectives on Aging." *Psychological Science* 1 (2006): 68–87.

Salthouse, T. A., D. E. Berish, and J. D. Miles. "The Role of Cognitive Stimulation on the Relations Between Age and Cognitive Functioning." *Psychology and Aging* 17 (2002): 548–557.

Schacter, D. L. *The Seven Sins of Memory: How the Mind Forgets and Remembers.* New York: Houghton-Mifflin, 2001.

Schmolck, H., A. W. Buffalo, and L. R. Squire. "Memory Distortions Develop over Time: Recollections of the O. J. Simpson Verdict After 15 and 32 Months." *Psychological Science* 11 (2000): 39–45.

Schwartz, B. L. *Memory: Foundations and Applications.* Thousand Oaks, CA: Sage Publications, 2018.

Schwartz, B. L., and L. D. Frazier. "Tip-of-the-Tongue States and Aging: Contrasting Psycholinguistic and Metacognitive Perspectives." *Journal of General Psychology* 132 (2005): 377–391.

Schwartz, B. L., and J. Metcalfe. "Tip-of-the-Tongue (TOT) States: Retrieval, Behavior, and Experience." *Memory and Cognition* 39 (2011): 737–749.

Sedikides, C., and J. D. Green. "Memory As a Self-Protective Mechanism." *Social and Personality Psychology Compass* 3, no. 6 (2009): 1 055–1 068.

Shaw, J. *The Memory Illusion: Remembering, Forgetting, and the Science of False Memory.* New York: Random House, 2016.

Slotnick, S. D. *Cognitive Neuroscience of Memory.* New York: Cambridge University Press, 2017.

Snowdon, D. A. "Healthy Aging and Dementia: Findings from the Nun Study." *Annals of Internal Medicine* 139 (2003): 450–454.

Squire, L. R., and E. R. Kandel. *Memory: From Mind to Molecules.* Greenwood Village, CO: Roberts & Co., 2009.

Walker, M. P. *Why We Sleep: Unlocking the Power of Sleep and Dreams.* New York: Scribner, 2017.

Walker, M. P., and R. Stickgold, "Sleep-Dependent Learning and Memory Consolidation." *Neuron* 44 (2004): 121–123.

Wilson, R. S., D. A. Evans, J. L. Bienias, C. F. Mendes de Leon, J. A. Schneider, and D. A. Bennett. "Proneness to Psychological Distress Is Associated with Risk of Alzheimer's Disease." *Neurology* 6 (2003): 1 479–1 485.

Winograd, E., and U. Neisser. *Affect and Accuracy in Recall: Studies of "Flashbulb" Memories.* Emory Symposia in Cognition. New York: Cambridge University Press, 1992.